U0256019

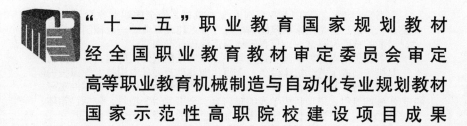

"十二五"职业教育国家规划教材
经全国职业教育教材审定委员会审定
高等职业教育机械制造与自动化专业规划教材
国家示范性高职院校建设项目成果

箱 体 制 造

第 2 版

主　编　姚荣庆
副主编　金　茵
参　编　吴根生　吴文进
主　审　屠　立

机械工业出版社

本书是"十二五"职业教育国家规划教材，经全国职业教育教材审定委员会审定；也是国家示范性高职院校重点建设专业——机械制造与自动化专业的核心教材之一，依据箱体制造课程标准编写。

本书在总结以往教学经验的基础上，以机械制造工艺师能力培养为目标，对机械制造工艺、机床设备、金属切削刀具及夹具应用技术等课程的知识内容进行分解与组合，以箱体零件的制造过程为载体，按照零件实际工艺实施的流程，以项目为单元编排内容。全书共六个项目，包括：箱体零件的加工工艺过程设计，箱体零件加工设备的选择，箱体零件工具和夹具的选择与设计，箱体零件的工艺编制及加工操作，箱体零件的生产运作管理，箱体零件的质量检测与过程控制。

本书适用于高等职业院校机械制造与自动化专业，也可作为高等职业院校相关专业教学参考书，并可供相关技术人员参考。

本书配有电子课件，凡使用本书作为教材的教师可登录机械工业出版社教育服务网 www.cmpedu.com 注册后下载。咨询邮箱：cmpgaozhi@sina.com。咨询电话：010-88379375。

图书在版编目（CIP）数据

箱体制造/姚荣庆主编. —2 版. —北京：机械工业出版社，2017.5

"十二五"职业教育国家规划教材. 经全国职业教育教材审定委员会审定. 高等职业教育机械制造与自动化专业规划教材. 国家示范性高职院校建设项目成果

ISBN 978 – 7 – 111 – 57811 – 6

Ⅰ.①箱…　Ⅱ.①姚…　Ⅲ.①箱体 – 制造 – 高等职业教育 – 教材　Ⅳ.①TH136

中国版本图书馆 CIP 数据核字（2017）第 207018 号

机械工业出版社（北京市百万庄大街22 号　邮政编码100037）
策划编辑：刘良超　责任编辑：刘良超
责任校对：任秀丽　李锦莉
责任印制：孙　炜
北京京丰印刷厂印刷
2017 年9 月第2 版·第1 次印刷
184mm×260mm·12.75 印张·1 插页·312 千字
0 001—1 900 册
标准书号：ISBN 978 – 7 – 111 – 57811 – 6
定价：33.00 元

凡购本书，如有缺页、倒页、脱页，由本社发行部调换

电话服务　　　　　　　　　网络服务
服务咨询热线：010-88379833　机 工 官 网：www.cmpbook.com
读者购书热线：010-88379649　机 工 官 博：weibo.com/cmp1952
　　　　　　　　　　　　　　教育服务网：www.cmpedu.com
封面无防伪标均为盗版　金 书 网：www.golden-book.com

序

2006 年，教育部、财政部联合启动了以重点专业建设为主要任务的"国家示范性高等职业院校建设计划"，目的是通过示范建设，全面推进高等职业教育的专业建设水平，探索并形成具有中国特色的高职教育。专业建设改革的主要内容是人才培养模式改革、课程体系构建、课程建设与教学模式改革。其中，人才培养模式是指导性的原则，人才培养方案与课程体系是实施性的支撑，课程建设与教学模式改革是基础性的保障，根本的出发点是提高技能型人才的培养质量。

工艺在振兴装备制造业中起着基础性作用，部分中小企业由于工艺管理不善、工艺纪律松弛、工艺技术相对落后，制约了发展。鉴于此，浙江机电职业技术学院机械制造与自动化专业教学团队构建了"夯实机械基础、强化工艺实施、启迪创新思维、注重技能训练"的能力递进专业课程体系，为浙江省中小企业培养未来的生产一线"机械制造工艺师"。

示范院校建设过程中，在浙江省机械工业联合会的行业专家和杭州前进齿轮箱集团有限公司、浙江杭叉工程机械股份有限公司、浙江联强数控机床股份有限公司等企业技术专家参与指导下，机械制造与自动化专业将工艺实施能力确定为专业人才培养的核心能力，并在浙江省人力资源与社会保障厅的支持下，开发了浙江省机械制造工艺师职业标准，通过工艺师职业岗位典型工作任务分析，设计了传动轴制造、主轴制造、箱体制造、异形件制造四门核心课程，将工艺师职业标准内容通过学、练、做一体化的项目模块课程加以实施。

四门核心课程通过对原机械制造工艺、现代加工设备、切削原理与刀具、机床夹具设计等课程的知识内容进行分解与组合，以传动轴、主轴、箱体、异形件四类零件的制造过程为载体，按照图样分析过程→工艺分析过程→工艺方案制订过程→工装设计过程→生产组织→产品质量检验与分析处理过程的工艺实施流程，整合教学内容，在反映典型的工艺技术上各有侧重，加工工艺由易到难，专业知识由浅入深；课程部分教学外移至企业进行，同时开展上企业实践。学生要了解传动轴等四类零件的整个生产流程，独立完成传动轴的加工和其他零件如主轴等若干精加工工序，对所编制工艺文件进行验证和修改，将教学与实际零件的加工过程相融合，从而提高学生的工艺实施能力。

四门核心课程遵循能力培养的递进规律，通过每个零件制造的工艺流程循环和各类零件的学习内容循环，由浅入深，由简到繁，培养学生的工艺实施能力。该学习过程有效地改变了学生由于一门课程不合格而造成的评价考核问题，通过多次循环不断强化和巩固学生的知识和能力。

为了较好地解决知识系统化与教学实施项目化的形式冲突，机械制造与自动化专业教学团队在教学内容组织过程中，将以往以学科化课程为核心的组织形式改为以项目为导向的组织形式，即将相关课程内容按工艺实施工作过程的知识目标、技能目标划分成若干个教学模块（如将工艺规程编制过程中的刀具应用内容分解为金属切削原理、刀具基础、车刀具选择与应用、铣刀具选择与应用、孔加工刀具选择与应用等），再将各教学模块根据每个加工零件的项目知识目标、技能目标及实践训练项目教学要求进行组合，构建项目课程教学内容；在实施项目化的过程中，结合具体零件分别将图样分析、工艺分析、刀具及夹具技术与应用、技术测量等按教学模块组织教学，一个具体零件结束后再进行下一个零件的项目教学，构成了一种纵、横配合的"坐标系"活页教材。每一模块均以零件工艺实施工作过程编写教学内容，形成纵向的项目形式教材，当需要进行系统知识学习时，可按横向技术方向将各项目中的相关活页组合，形成如金属切削机床、切削原理与刀具、机械制造工艺、夹具设计等知识系统化形式的教材，最终形成纵贯的传动轴、主轴、箱体、异形件四个项目的行动导向课程教学体系与横切的若干相对系统的学科知识体系。

四门核心课程以零件制造项目为载体，以工艺实施流程为线索，实现了课程教学内容的解构和重构，在项目教学过程中同时也保证了知识的系统化。希望能在高职的改革大潮中，形成一定的专业特色。

屠　立

前　言

　　浙江机电职业技术学院机械制造与自动化专业是国家示范性高职院校重点建设专业。为深化高等职业教育教学改革，探索工学交替、任务驱动、项目导向、顶岗实习等有利于增强学生岗位职业能力的教学模式，加强高职院校学生实践能力和职业技能的培养，该专业的教学团队与行业、企业专家合作，构建了以机械制造工艺实施为主线的课程体系。本书依据《箱体制造课程标准》编写，是专业核心课程教材之一。

　　通过对箱体零件制造相关知识和技能的学习，可以培养学生掌握箱体零件的工艺过程设计、设备选择、主要工装的选择与设计、工艺规程的编制、加工操作、质量检测与质量分析及生产运作管理等基本职业能力。

　　本书具有以下主要特点：

　　1）全书内容充分体现了项目课程的设计思想。本书以箱体零件的制造过程为载体，以完成箱体零件加工的工作任务来驱动，通过选自企业实际生产的箱体零件，按企业制造箱体零件的整个工艺过程组织内容，培养学生完整、合理地编制箱体零件机械加工工艺规程、组织批量生产、进行质量检测与质量分析的应用能力。

　　2）内容编排形式以项目课程原理为依据。本书按照箱体零件的制造工艺流程依次排列项目，循序渐进。在项目基础上进一步划分模块，体现内容的连续性和完整性，便于学生对箱体零件制造知识的掌握与应用。此外，本书增加了选修内容（带"＊"号），供有兴趣的学生学习，扩展知识面。

　　3）突出对学生综合职业能力的训练。书中每个项目首先明确教学目标，每个模块又按照教学目标、案例分析、相关知识以及针对性练习编写，既易懂易学，又符合生产实际。理论知识和技能要求的选取紧紧围绕箱体零件制造工作任务完成的需要来进行，同时又充分考虑了高等职业教育对理论知识学习的需要，并融合了机械制造工艺师职业资格考试对知识、技能和素质的要求。

　　4）体现了"新知识、新技术、新方法"等内容。本书纳入了箱体零件制造过程中的新技术、新工艺和新方法，贴近企业实际需要和机械制造行业的发展。

　　本书项目1、项目2、项目6由浙江机电职业技术学院金茵编写，项目3、项目4、项目5由浙江机电职业技术学院姚荣庆编写，杭州前进齿轮箱集团有限公司吴根生和浙江联强数控机床有限公司吴文进参与了部分内容的编写，同时提出了许多宝贵的意见，并提供了丰富的资料。全书由姚荣庆任主编，金茵任副主编，浙江机电职业技术学院屠立任主审。

　　由于编者的水平有限，时间仓促，书中难免有不足之处，恳请广大读者批评指正。

编　者

目　　录

项目1　箱体零件的加工
工艺过程设计

箱体零件是机器的基础零件之一，将机器和部件中的轴、套及齿轮等零件集合成一个整体，使其保持正确的相互位置关系，并按照一定的传动关系协调地传递运动或动力。因此，箱体的加工质量对机器的精度、性能和寿命有直接的影响。

【教学目标】

最终目标：会拟订箱体零件加工的工艺路线。

促成目标：

1）会分析箱体零件的结构工艺性要求和技术要求。

2）会进行箱体零件的图样分析。

3）会选择毛坯。

4）会画毛坯图。

模块1　箱体零件的图样分析

一、教学目标

最终目标：能对箱体零件进行图样的工艺性、尺寸、几何公差及表面质量等进行分析。

促成目标：

1）会分析箱体零件被加工表面的尺寸精度、形状精度和位置精度。

2）会分析箱体零件表面粗糙度及其他表面质量要求。

3）会分析箱体零件的热处理要求。

二、案例分析

书后附图所示为LK32-20011数控车床的主轴箱箱体零件图，图1-1所示为其三维图，生产类型为小批生产。

零件图是制订工艺规程最基本的原始资料之一，只有对零件图进行透彻分析，才能使制订的工艺规程具有科学性、合理性和经济性。

1. 零件结构及其工艺性

首先从组成零件形体的基本表面及特形表面分析，可针对性选择相应的加工方法；另一方面，分析零件结构在保证使用要求的前提下，能否高效率、低成本制造出来，即工艺性是否

图1-1　主轴箱箱体三维图

好，包括毛坯制造工艺性、机械加工工艺性、热处理工艺性和装配工艺性等。

LK32-20011 为典型箱体类零件，有薄壁、光孔、螺纹孔及凹槽等结构，基本表面包括内孔表面和平面，通过车、铣、刨、镗、钻等方法可完成加工。

2. 零件技术要求

（1）主要精度　LK32-20011 主轴箱箱体技术要求见表 1-1。

表 1-1　主轴箱箱体技术要求

序号	加工表面	项　目	数值
1	$\phi100$mm 轴承孔	直径	$\phi100^{+0.022}_{-0.013}$mm
		表面粗糙度	$Ra1.6\mu$m
		尺寸公差及公差等级	0.035mm，IT7
2	$\phi115$mm 轴承孔	直径	$\phi115^{+0.022}_{-0.013}$mm
		其轴线对 $\phi100$mm 轴线的同轴度公差	$\phi0.01$mm
		表面粗糙度	$Ra1.6\mu$m
		尺寸公差及公差等级	0.035mm，IT7
3	$\phi62$mm 轴承孔	直径	$\phi62^{+0.028}_{-0.018}$mm
		其轴线对 $\phi100$mm 轴线的平行度公差	0.025mm
		表面粗糙度	$Ra1.6\mu$m
		尺寸公差及公差等级	0.046mm，IT8
		轴线与基准轴 C 的距离	120 ± 0.027mm
4	$\phi47$mm 轴承孔	直径	$\phi47^{+0.024}_{-0.015}$mm
		其轴线对 $\phi100$mm 轴线的平行度公差	0.025mm
		表面粗糙度	$Ra3.2\mu$m
		尺寸公差及公差等级	0.039mm，IT8
		轴线与基准轴 C 的距离	90 ± 0.027mm
5	$\phi80$mm 孔	与基准面 A 及基准面 B 的平行度公差	0.015mm
		表面粗糙度	$Ra6.3\mu$m
6	$\phi115J7$ 轴承孔端面	与孔 $\phi115J7$ 轴线的垂直度公差	0.015mm
		表面粗糙度	$Ra1.6\mu$m
7	图 A—A 左边 $\phi25$mm 孔	直径	$\phi25^{+0.033}_{0}$mm
		表面粗糙度	$Ra3.2\mu$m
		尺寸公差及公差等级	0.033mm，IT8
8	图 A—A 左边 $\phi30$mm 孔	直径	$\phi30^{+0.033}_{0}$mm
		尺寸公差及公差等级	0.033mm，IT8
9	图 A—A 中间 $\phi25$mm 孔	直径	$\phi25^{+0.033}_{0}$mm
		其轴线与图 A—A 中 $\phi30$mm 孔的同轴度公差	$\phi0.015$mm
		表面粗糙度	$Ra3.2\mu$m
		尺寸公差及公差等级	0.033mm，IT8

（续）

序号	加工表面	项 目	数值
10	底面 110 定位槽	宽度	$110^{+0.04}_{0}$ mm
		其侧面 B 与 A 面的垂直度公差	0.015mm
		侧面的表面粗糙度	$Ra3.2\mu m$
		尺寸公差及公差等级	0.04mm, IT7

（2）热处理要求分析 根据零件图中技术要求的说明，铸件粗加工前后分别要进行人工时效处理，且铸件不得有铸造缺陷。

为了消除铸造时产生的残余应力，减少加工后的变形，保证加工精度，铸件必须进行时效处理。LK32-20011 主轴箱箱体具有较高的精度要求，尤其在孔的轴线与底面等元素的平行度方面，故在精加工前，需进行人工时效处理。另外，主轴箱箱体是较重要的零件，不得有裂纹、气泡及缩孔等缺陷。

三、相关知识点

1. 箱体零件的功用及分类

箱体零件是机器的基础零件之一，将机器和部件中的轴、套及齿轮等零件集合成一个整体，具有容纳及支承的作用。箱体一般都具有一些相同的结构特点和常见的技术要求，图 1-2 所示为几种常见的箱体零件。根据结构形式的不同，箱体零件可分为整体式箱体（见图 1-2a、b、d）和分离式箱体（见图 1-2c）。整体式箱体是整体铸造，整体加工，制坯和加工较困难，但装配精度高；分离式箱体属分离式结构，便于加工和装配，但增加了装配的工作量。

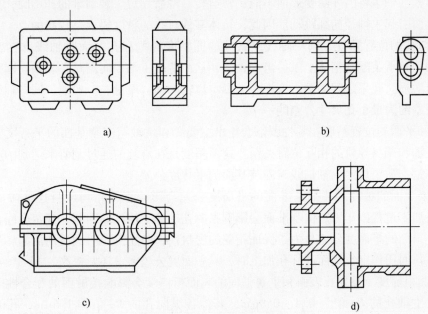

a)   b)

c)   d)

图 1-2 常见的箱体零件

a) 组合机床主轴箱 b) 车床进给箱 c) 分离式减速器 d) 泵壳

2. 箱体零件的结构特点

1）形状复杂。箱体零件通常作为装配的基础件，在它上面安装的零件或部件越多，箱体的形状越复杂，因为安装时要有定位面、定位孔及固定用的螺钉孔等；为了支承零部件，箱体零件需要有足够的刚度，采用较复杂的截面形状和加强肋等；为了储存润滑油，箱体零件需要有一定形状的空腔，还要有观察孔、放油孔等；为了便于吊装搬运，箱体零件还必须做出吊钩、凸耳等结构。

2）体积较大。箱体内需要安装和容纳各种零部件，所以必然要求其具有足够大的体积。例如，大型减速器箱体长达 4 ~ 6m、宽约 3 ~ 4m。

3）壁薄容易变形。箱体体积大，形状复杂，又要求减小质量，所以大都设计成腔形薄壁结构。但铸造、焊接和切削加工过程往往会存在较大的内应力，引起箱体变形。在搬运过程中，若方法不当也容易引起箱体变形。

4）有精度要求较高的孔和平面。箱体零件上的孔大都是轴承的支承孔，平面大都是装配的基准面，它们在尺寸精度、表面粗糙度及形状和位置精度等方面都有较高的要求，将直接影响箱体的装配精度及使用性能。

一般说来，箱体不仅需要加工部位较多，而且加工难度也较大。统计资料表明，一般中型机床厂用于箱体类零件的机械加工工时约占整个产品的 15% ~ 20%。

四、相关实践知识

1. 箱体类零件的技术要求

1）孔径精度。孔径的尺寸误差和几何形状误差较大会造成轴承与孔配合不良。孔径过大，配合过松，使主轴回转轴线不稳定，降低了支承刚度，易产生振动和噪声；孔径过小，会使配合过紧，轴承将因外圈变形而不能正常运转，寿命缩短。装轴承的孔不圆，也会使轴承外圈变形而引起主轴径向圆跳动。因此，箱体零件对孔的精度要求是较高的。

2）孔与孔的位置精度。同一轴线上各孔的同轴度误差和孔端面对轴线垂直度误差过大，会使轴和轴承装配到箱体上以后出现歪斜，从而造成主轴径向圆跳动和轴向圆跳动，且加剧了轴承磨损。孔系之间的平行度误差会影响齿轮的啮合质量。一般地，同一轴线上各孔的同轴度公差约为最小孔尺寸公差的一半。

3）孔和平面的位置精度。零件图都会给出主要孔和主轴箱安装基面的平行度要求，它们决定了主轴和床身导轨的相互位置关系。这项精度是在总装前通过刮研来达到的。为了减少刮研工作量，需要规定主轴轴线对安装基面的平行度公差。

4）主要平面的精度。装配基准面的平面度公差会影响主轴箱与床身连接时的接触刚度，而且在加工过程中作为定位基准面会影响主要孔的加工精度。因此，规定底面和导向面必须平直。顶面的平面度公差是为了保证箱盖的密封性，防止工作时润滑油泄漏。当大批大量生产、将顶面用作定位基面进行孔加工时，其平面度公差要求还要提高。

5）表面粗糙度。重要孔表面和主要平面的表面粗糙度会影响接触面的配合性质或接触刚度。一般主轴孔的 Ra 值为 0.4 ~ 0.8μm，其他各纵向孔的 Ra 值为 1.6μm，孔的内端面 Ra 值为 3.2μm，装配基准面和定位基准面的 Ra 值为 0.63 ~ 2.5μm，其他平面的 Ra 值为 2.5 ~ 10μm。

2. 箱体零件的结构工艺性

箱体加工表面数量多，要求高，工作量大。因此，箱体机械加工的结构工艺性对实现优质、高效及低成本等目标具有重要的意义。

1）基本孔。箱体的基本孔可分为通孔、阶梯孔、不通孔及交叉孔等。通孔的工艺性相对较好，尤其是孔长 L 与孔径 D 之比 $L/D ≤ 1 ~ 1.5$ 的短圆柱孔，$L/D > 5$ 的孔称为深孔，若深孔的精度要求较高，表面粗糙度值要求较小，则加工很困难。阶梯孔的工艺性与"孔径比"有关，孔径相差越小，则工艺性越好；孔径相差越大，且其最小孔径又很小，则工艺性越差；不通孔的工艺性最差，因为在精镗或精铰不通孔时，要用手动进给，或采用特殊工具进给。此外，不通孔内端面的加工也特别困难，故应尽量避免。相贯通的交叉孔的工艺性也较差。如图 1-3a 所示，$\phi100mm$ 孔与 $\phi70mm$ 孔贯通相交，在加工 $\phi100mm$ 孔时，当刀具走到贯通部分时，由于径向受力不均，会使孔的轴线偏移。为保证加工质量，$\phi70mm$ 孔先不铸通（见图 1-3b），当主孔加工完以后再加工此孔。

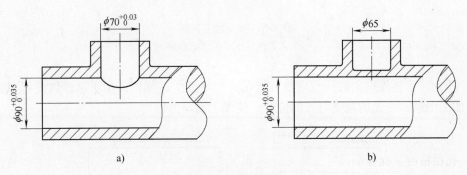

图 1-3 相贯通孔的工艺性

a）交叉孔 b）交叉孔毛坯

2）同一轴线上的孔。箱体上同一轴线上孔的排列方式有三种，如图 1-4 所示。图 1-4a 所示为孔径大小向一方向递减，这种结构便于镗杆和刀具从一端伸入，同时或逐个加工该轴线上的各孔，对于单件小批生产具有较好的结构工艺性；图 1-4b 所示为同孔径大小从两边向中间递减，这种结构便于组合机床在两边同时加工，镗杆刚度好，适合大批大量生产；图 1-4c 所示为孔径大小不规则排列，工艺性最差。

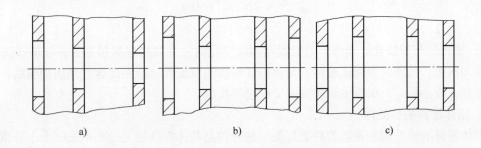

图 1-4 同一轴线上孔径的排列方式

a）孔径大小单向排列 b）孔径大小双向排列 c）孔径大小不规则排列

3）装配基准面。为便于加工和检验，箱体的装配基准面的尺寸应尽可能地大一些，形状应力求简单，以便于加工、装配和检验；但同时要考虑尽量减少加工表面，以改善配合面间的结合状况，如图1-5所示。

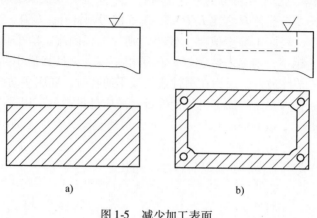

图1-5　减少加工表面
a）工艺性不好　b）工艺性好

4）凸台。箱体外壁上的凸台应尽可能在一个平面上，如图1-6所示，以便可以在一次进给中加工出来，而无需调整刀具的位置，使加工简单方便。

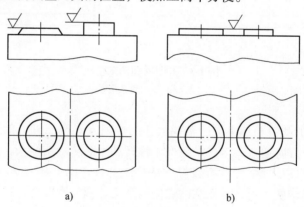

图1-6　凸台结构的工艺性
a）工艺性不好　b）工艺性好

5）紧固孔与螺纹孔。箱体上的紧固孔和螺纹孔的尺寸规格应尽量一致，以减少刀具数量和换刀次数。此外，为保证箱体有足够的动刚度与抗振性，应考虑合理使用加强肋，加大圆角半径，收小箱口，加厚主轴前轴承口厚度等措施。

3. 箱体零件的热处理

箱体零件的热处理和毛坯的种类有关。热处理是箱体零件加工过程中的一个十分重要的工序，需要合理安排。由于箱体零件的结构复杂，壁厚也不均匀，在铸造时会产生较大的残余应力。为了消除残余应力，减少加工后的变形，保证精度，铸造后必须安排人工时效处理，一般有以下几种情况：

1）普通精度的箱体零件，一般在铸造之后安排一次人工时效处理。

2）对于一些高精度或形状特别复杂的箱体零件，在粗加工之后还要再安排一次人工时效处理，以消除粗加工中产生的残余应力。

3）精度要求不高的箱体零件毛坯，有时不安排时效处理，而是利用粗、精加工工序间的停放和运输时间，使之得到自然时效。

人工时效处理的工艺规范为：加热到 500～550℃，保温 4～6h，冷却速度小于或等于30℃/h，出炉温度小于或等于200℃。除了加热保温法以外，也可采用振动时效处理来达到消除残余应力的目的。

五、思考与练习

1. 箱体零件的结构特点及主要技术要求是什么？这些技术要求对箱体零件在机器中的作用有何影响？

2. 箱体零件的类型有哪些？

3. 箱体零件在加工中是否需要安排热处理工序，它起什么作用？安排在工艺过程的哪个阶段较合适？

模块2　箱体零件的材料与毛坯

一、教学目标

最终目标：能为箱体零件正确地选择毛坯。

促成目标：

1）能确定箱体零件的毛坯类型。

2）会计算工序尺寸和确定加工余量。

3）会画毛坯图。

二、案例分析

确定毛坯的主要任务是：根据零件的技术要求、结构特点、材料及生产纲领等方面的要求，合理地确定毛坯的种类、毛坯的制造方法、毛坯的形状及毛坯的尺寸等，最后绘制出毛坯图。

1. 确定零件材料及毛坯种类

一般情况下，确定了零件的材料也就大致确定了毛坯的种类。如附图所示，零件材料为HT250（灰铸铁），所以主轴箱箱体的毛坯种类为铸件。另一方面，从箱体的尺寸、腔体及复杂结构方面考虑，选择铸件毛坯也是较为合理的。

2. 确定毛坯的形状和尺寸并绘制毛坯图

（1）确定毛坯加工余量及尺寸公差　根据毛坯的类型，查表得到毛坯加工余量及尺寸公差。毛坯的形状和尺寸基本上取决于零件的形状和尺寸。工艺设计时，在工艺表面预加而在加工时去除的尺寸量即为毛坯加工余量。制造毛坯过程也会产生误差，即要给定毛坯公差。毛坯的加工余量和公差的大小，与毛坯的制造方法有关，可参照有关工艺手册或企业、行业标准来确定。

主轴箱箱体材料为灰铸铁，毛坯为砂型铸造手工造型，根据箱体长度最大轮廓尺寸355mm，查表：

1）确定毛坯公差等级 CT 为 13 级（见表1-4）。

2）确定加工余量等级为 G 级（见表1-7）。

3）根据零件最大轮廓尺寸355mm，查得 RMA（机械加工余量）为 3.5mm。

4）根据公式 $R = F + 2RMA + CT/2$ 和 $R = F - 2RMA - CT/2$ 计算得到毛坯尺寸。

5）查表1-5可得尺寸公差。

列出主轴箱箱体毛坯尺寸，见表1-2。

表1-2　主轴箱箱体毛坯尺寸公差及机械加工余量　　　　　（单位：mm）

项　　目	机械加工余量	尺寸公差	毛坯尺寸及公差
箱体长度(355)	3.5	12（±6）	368 ±6
箱体宽度(330)	3.5	12（±6）	343 ±6
箱体高度(275)	3.5	12（±6）	288 ±6
定位槽(110)	3.5	10（±5）	98 ±5
轴肩孔(φ40)	3.5	7（±3.5）	φ29.5 ±3.5
轴承孔(φ62)	3.5	8（±4）	φ51 ±4
轴肩孔(φ80)	3.5	9（±4.5）	φ68.5 ±4.5
轴肩孔(φ105)	3.5	10（±5）	φ93 ±5
凸缘面(30)	3.5	7（±3.5）	40.5 ±3.5
凸缘面(35)	3.5	7（±3.5）	45.5 ±3.5

（2）确定工艺影响因素　确定毛坯的形状和尺寸时，还应考虑毛坯制造、机械加工和热处理等多方面工艺因素的影响。例如，加工装配过程中，用于定位的工艺孔、工艺凸台，可采用合件毛坯（多个零件毛坯连成一体同时加工，提高效率）、整体毛坯等。

通过分析零件图可知，LK32-20011 主轴箱箱体不需要增加加工工艺结构，但需考虑热处理的影响。时效处理安排在粗加工前后。

（3）绘制毛坯图　根据零件图及查得的毛坯加工余量绘制毛坯图（略）。

三、相关知识点

1. 箱体的材料和毛坯种类

箱体零件有复杂的内腔，应选用易于成形的材料和制造方法。箱体零件的毛坯种类有焊接箱体、铸造箱体。毛坯的材料不同，所适用的毛坯种类也有所不同。

1）铸铁容易成形、切削性能好、价格低廉，并且具有良好的耐磨性和减振性。箱体零件的材料大都选用 HT200 ~ HT400 的各种牌号的灰铸铁，最常用的材料是 HT200。而对于较精密的箱体零件（如坐标镗床主轴箱）则选用耐磨铸铁，一些需较高强度和要求较小体积，箱体壁厚较薄时选用球墨铸铁。

2）对于某些简易机床的箱体零件或小批、单件生产的箱体零件，为了缩短毛坯制造周期和降低成本，可采用钢板焊接结构。材料牌号有 Q235-A、35 等。

3）某些大负荷的箱体零件有时也采用铸钢件毛坯，材料牌号有 ZG45，ZG40Cr 等。

4）在特定条件下，为了减轻重量，可采用铝镁合金或其他铝合金的压铸箱体毛坯，如 ZL101 等。

2. 铸件尺寸公差与机械加工余量（摘自 GB/T 6414—1999）

（1）基本概念

1）铸件基本尺寸，指机械加工前的毛坯铸件的尺寸，包括必要的机械加工余量，如图 1-7 所示。

2）尺寸公差，指允许的尺寸变动量。尺寸公差等于最大极限尺寸与最小极限尺寸之代数差的绝对值；也等于上极限偏差与下极限偏差之代数差的绝对值。

3）错型（错箱），指由于合模时错位，铸件的一部分与另一部分在分型面处相互错开，如图 1-8 所示。

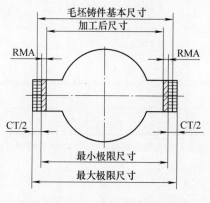

图 1-7　尺寸公差与极限尺寸

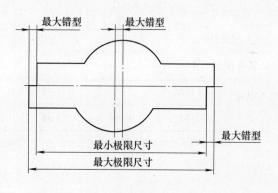

图 1-8　错型

4）机械加工余量（RMA），指在毛坯铸件上，为了随后可用机械加工方法去除铸造对金属表面的影响，并使之达到要求的表面特征和必要的尺寸精度而留出的金属余量。对于圆柱形的铸件，应考虑双边余量，即 RMA 应加倍。如图 1-9 所示，对外圆面进行机械加工时，RMA 与铸件其他尺寸之间的关系可由式（1-1）表示；如图 1-10 所示，对内腔进行机械加工时，RMA 与铸件其他尺寸之间的关系可由式（1-2）表示。

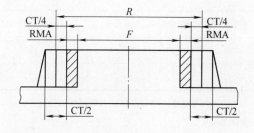

图 1-9　外圆面作机械加工 RMA 示意图

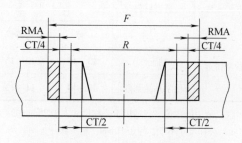

图 1-10　内腔作机械加工 RMA 示意图

$$R = F + 2RMA + CT/2 \qquad (1\text{-}1)$$
$$R = F - 2RMA - CT/2 \qquad (1\text{-}2)$$

式中　R——铸件毛坯的公称尺寸;

　　　F——最终机械加工后的尺寸;

　　　CT——铸件公差。

（2）公差等级　铸件公差有16级，代号为CT1～CT16，常用的为CT4～CT13。表1-3和表1-4列出了各种铸造方法通常能够达到的公差等级。

表1-3　大批生产的毛坯铸件的公差等级

方　　法		公差等级 CT					
		铸 件 材 料					
		钢	灰铸铁	球墨铸铁	可锻铸铁	铜合金	锌合金
砂型铸造 手工造型		11～14	11～14	11～14	11～14	10～13	10～13
砂型铸造 机器造型和壳型		8～12	8～12	8～12	8～12	8～10	8～10
金属型铸造			8～10	8～10	8～10	8～10	7～9
压力铸造						6～8	4～6
熔模 铸造	水玻璃	7～9	7～9	7～9		5～8	
	硅溶胶	4～6	4～6	4～6		4～6	

注：表中所列的公差等级是指在大批大量生产下、影响铸件尺寸精度的生产因素都满足要求时，铸件能够达到的公差等级。

对于大批重复生产方式，有可能通过精心调整和控制型芯位置的方法达到更精确的公差等级。

用砂型铸造方法作小批、单件生产时，通过采用金属模样、研制开发装备及铸造工艺来减小加工误差的做法通常是不切实际且不经济的。表1-4所示为适用于这种生产方式的公差等级。

表1-4　小批、单件生产毛坯铸件的公差等级

方　　法	造型材料	公差等级 CT					
		铸 件 材 料					
		钢	灰铸铁	球墨铸铁	可锻铸铁	铜合金	轻金属合金
砂型铸造 手工造型	粘土砂	13～15	13～15	13～15	13～15	13～15	11～13
	化学粘结剂砂	12～14	11～13	11～13	11～13	10～12	10～12

注：表中的数值一般适用于公称尺寸大于25mm的毛坯铸件。对于较小的尺寸，通常能保证下列较细的公差：

1）公称尺寸小于、等于10mm：精三级。

2）公称尺寸为10～16mm：精二级。

3）公称尺寸为16～25mm：精一级。

一般铸件的尺寸公差可由表1-5查出。

表1-5　铸件尺寸公差　　　　　　　　　　（单位：mm）

毛坯铸件公称尺寸		铸件尺寸公差等级 CT									
大于	至	4	5	6	7	8	9	10	11	12	13
	10	0.26	0.36	0.52	0.74	1	1.5	2	2.8	4.2	
10	16	0.28	0.38	0.54	0.78	1.1	1.6	2.2	3.0	4.4	
16	25	0.30	0.42	0.58	0.82	1.2	1.7	2.4	3.2	4.6	6
25	40	0.32	0.46	0.64	0.9	1.3	1.8	2.6	3.6	5	7
40	63	0.36	0.50	0.70	1	1.4	2	2.8	4	5.6	8
63	100	0.40	0.56	0.78	1.1	1.6	2.2	3.2	4.4	6	9
100	160	0.44	0.62	0.88	1.2	1.8	2.5	3.6	5	7	10
160	250	0.50	0.72	1	1.4	2	2.8	4	5.6	8	11
250	400	0.56	0.78	1.1	1.6	2.2	3.2	4.4	6.2	9	12
400	630	0.64	0.9	1.2	1.8	2.6	3.6	5	7	10	14

注：1. 在等级CT4～CT13中，对壁厚采用粗一级公差。

　　2. 对于不超过16mm的尺寸，不采用CT13～CT16的公差，对于这些尺寸应标注个别公差。

（3）公差带的位置　除非另有规定，公差带应相对于公称尺寸对称分布，即一半在公称尺寸之上，一半在公称尺寸之下（见图1-7）。

（4）机械加工余量

1）除非另有规定，机械加工余量应适用于整个毛坯铸件，即对所有待加工的表面只规定一个值，且该值应根据最终机械加工后成品铸件的最大轮廓尺寸，在相应的尺寸范围内选取。

铸件某一部位在铸态下的最大尺寸应不超过成品尺寸与要求的加工余量及铸造总公差之和（见图1-7、图1-9及图1-10）。

2）机械加工余量等级共有10级，称之为A、B、C、D、E、F、G、H、J和K级，其中A、B级仅用于特殊场合。表1-6所示为C～K级的机械加工余量数值。推荐用于各种铸造合金和铸造方法的机械加工余量等级见表1-7，仅作为参考。

表1-6　铸件机械加工余量表　　　　　　　　　（单位：mm）

最大尺寸[①]		机械加工余量等级							
大于	至	C	D	E	F	G	H	J	K
	40	0.2	0.3	0.4	0.5	0.5	0.7	1	1.4
40	63	0.3	0.3	0.4	0.5	0.7	1	1.4	2

（续）

最大尺寸①		机械加工余量等级							
大于	至	C	D	E	F	G	H	J	K
63	100	0.4	0.5	0.7	1	1.4	2	2.8	4
100	160	0.5	0.8	1.1	1.5	2.2	3	4	6
160	250	0.7	1	1.4	2	2.8	4	5.5	8
250	400	0.9	1.3	1.4	2.5	3.5	5	7	10
400	630	1.1	1.5	2.2	3	4	6	9	12

① 最终机械加工后，铸件的最大轮廓尺寸。

表 1-7　毛坯铸件典型的机械加工余量等级表

方　　法	机械加工余量等级					
	铸 件 材 料					
	钢	灰铸铁	球墨铸铁	可锻铸铁	铜合金	锌合金
砂型铸造 手工造型	G ~ K	F ~ H	F ~ H	F ~ H	F ~ H	F ~ H
砂型铸造 机器造型和壳型	F ~ H	E ~ G	E ~ G	E ~ G	E ~ G	E ~ G
金属型铸造		D ~ F	D ~ F	D ~ F	D ~ F	D ~ F
压力铸造					B ~ D	B ~ D
熔模铸造	E	E	E		E	

四、相关实践知识

箱体铸件毛坯形式与生产批量的关系

选择何种精度的铸件毛坯，选定多少加工余量需根据生产批量来确定。

1）对于单件小批生产，一般采用木模手工造型。这种毛坯的精度低，加工余量大，其平面加工余量一般为 7 ~ 12mm，孔在半径上的加工余量为 8 ~ 14mm。

2）大批大量生产时，通常采用金属模机器造型，其毛坯的精度较高，加工余量可适当减小，平面加工余量为 5 ~ 10mm，孔在半径上的加工余量为 7 ~ 12mm。

3）为了减少加工余量，单件小批生产直径大于 50mm 的孔，或成批生产直径大于 30mm 的孔时，一般都要在毛坯上铸出预孔。

另外，在毛坯铸造时，应防止砂眼和气孔的产生；应使箱体零件的壁厚尽量均匀，以减小毛坯制造时产生的残余应力。

五、思考与练习

选择毛坯时应考虑哪些因素？

模块 3　箱体零件工艺过程设计

一、教学目标

最终目标：分析箱体零件的工艺过程，会拟订工艺路线，计算工序尺寸。

促成目标：

1）能确定箱体零件的加工顺序。

2）会选择用于箱体零件加工时定位基准。

3）能确定箱体零件的加工方法。

4）会拟订箱体零件的加工工艺路线。

5）会计算工序尺寸。

二、案例分析

下面介绍如何对附图所示的主轴箱体零件进行工艺过程设计（其中设备选择见项目二，切削用量选择见项目三），主要任务是：合理地选择定位基准；针对主要加工表面选择一套合理的加工方法；合理地安排零件加工顺序。

1. 定位基准的选择

定位基准的选择将直接影响箱体零件的位置精度和加工顺序，故定位基准的选择是与加工顺序的安排同步进行的。

（1）粗基准的选择　对于铸件毛坯，其尺寸及形状误差相对较大。根据粗基准的选择原则，以重要表面为基准，并保证各加工面有足够的加工余量。选择以孔 $\phi115J7$ 及 $\phi100J7$ 的轴线为粗基准，通过划线的方法确定第一道工序的加工面位置，尽量使各毛坯面的加工余量得到保证，即划线装夹，按线找正、加工即可。

（2）精基准的选择　根据精基准选择的四个原则和各重要表面的相互位置关系，选择如下主要的精基准：重要的轴承孔的加工都是以孔 $\phi100J7$ 和 $\phi115J7$ 的公共轴线为基准，而孔 $\phi100J7$ 和 $\phi115J7$ 的公共轴线又和底面基准 A 和 $110^{+0.04}_{0}$ mm 定位槽的侧面基准 B 有平行度的要求，故选尺寸为 $110^{+0.04}_{0}$ mm 的底面槽侧面基准 B 和底面基准 A 为精基准。

2. 加工方法的选择及加工阶段的划分

（1）加工方法的选择　加工方法的选择原则是，根据技术要求、零件材料、结构尺寸、及生产类型等因素，选择既满足零件的加工要求，又高效、经济的加工方法。

附图所示的主轴箱箱体材料为 HT250，小批生产，主要加工面是轴承孔和平面（包括底面和槽）。平面加工方法有车削、刨削、铣削及磨削，孔的加工方法有车削、镗削及钻削等。但是，箱体类零件平面的加工较少使用车削方法，因为车床主要用于加工回转类工件，箱体类零件在车床上装夹定位不方便。根据各种加工方案的经济加工精度（查工艺手册），主要表面分别选择如下：

主轴箱箱体的加工内容可归纳如下：

1）平面：顶面、底面、四个侧面及两凸缘面等。

2）孔：各个轴承孔（$\phi100^{+0.022}_{-0.013}$ mm、$\phi115^{+0.022}_{-0.013}$ mm、$\phi62^{+0.028}_{-0.018}$ mm、$\phi47^{+0.024}_{-0.015}$ mm、

$\phi 25 {}^{+0.033}_{0}$ mm 及 $\phi 30 {}^{+0.033}_{0}$ mm）。

3）其他加工部分：螺纹孔、斜油孔等。

加工方案见表1-8。

表1-8　床头箱体各表面加工方案

加 工 表 面	公 差 等 级	表面粗糙度 $Ra/\mu m$	加 工 方 案
轴承孔（$2 \times \phi 62$mm）	IT8	1.6	粗镗—半精镗—精镗
轴承孔（$\phi 100$mm）	IT7	1.6	粗镗—半精镗—精镗
轴承孔（$\phi 115$mm）	IT7	1.6	粗镗—半精镗—精镗
轴承孔（$\phi 47$mm）	IT8	3.2	粗镗—半精镗—精镗
轴肩孔（$\phi 80$mm）	IT12	6.3	粗镗—半精镗
轴肩孔（$\phi 105$mm）	IT13	6.3	粗镗—半精镗
孔（$\phi 25$mm）	IT8	3.2	钻—扩—铰
孔（$\phi 30$mm）	IT8	3.2	钻—扩—铰
轴肩孔（$\phi 40$mm）	IT13	12.5	粗镗
内凸缘面（30mm）	IT13	12.5	粗铣
内凸缘面（35mm）	IT13	12.5	粗铣
定位槽（110mm）	IT7	3.2	粗刨—半精刨—精刨
底面	IT12	3.2	粗刨—半精刨—精刨
顶面	IT12	3.2	粗铣—半精铣—精铣
右侧面	IT12	3.2	粗铣—半精铣—精铣
左侧面	IT12	3.2	粗铣—半精铣—精铣
前侧面	IT12	6.3	粗铣—半精铣
后侧面	IT11	12.5	粗铣—半精铣
斜面	IT12	12.5	粗铣—半精铣

（2）加工阶段划分　加工阶段主要根据零件质量要求、结构尺寸及生产纲领来划分。

此床头箱体为小批量生产，可以不严格划分，这里根据以上各表面加工方案的选择，部分表面的精度和表面质量要求较高，因而将主轴箱零件的加工过程分成两个阶段：

粗加工阶段——去除各表面上的大部分加工余量，为重要表面最终加工做好准备，同时穿插部分基准面的精加工，完成不重要表面的加工，如钻孔等。

精加工阶段——达到零件上各个表面的设计要求。

3. 加工工序的确定

（1）工序的集中和分散　选好加工方法，确定加工方案后，进行工序安排。工序的集中和分散也与生产类型有关，对于小批生产、外形结构较复杂的主轴箱箱体，为减少装夹次数，方便生产组织，提高生产率，应使工序适当集中。

在附图中，大平面粗加工可用铣削、底面槽采用刨削、同轴孔用镗削。确定工序时，每个表面的加工在同一个阶段应尽可能集中为一个工序。

（2）加工工序的安排　加工工序的安排遵循"先基准后其他、先主后次、先面后孔"的原则，根据前面对零件图的分析、定位基准的选择、加工方案的分析，工序安排如下：

1）加工基准平面。第一道切削加工工序以划线找正加工（分析见定位基准选择），先加工基准平面（底面）。但是，考虑底面是重要表面，且平面度要求较高，以毛坯顶面为安装面影响加工精度，所以先加工顶面，再以加工后的顶面为安装面，加工底面。

2）刨削定位槽。定位槽的侧面是重要的基准面，因而要安排在镗削轴承孔之前加工。

3）粗铣四侧面，粗镗轴承孔。考虑以平面为定位基准较以孔为基准定位装夹更为方便可靠，故安排四侧面于轴承孔加工工序之前。

4）钻孔、攻螺纹。在精加工前，完成钻孔等相对次要表面的加工工序，将轴承孔、底面等重要表面的终加工安排在最后，保证加工后精度不受影响。对于各螺纹孔，钻孔、攻螺纹及倒角应一次装夹定位完成，应尽量在螺纹孔所在表面终加工完成后再钻孔。

5）精加工阶段。精加工阶段是底面、轴承孔及侧面的终加工，先加工基准平面，再加工孔。

最后精加工工序有铣端面、镗通孔及镗阶梯孔等，有位置公差要求，应合并工序，一次装夹加工。

6）热处理。毛坯为铸件，铸造后需进行时效处理；铸件完成粗加工后，精加工前应再安排人工时效处理。

除了主要工序，还有检验、去毛刺等辅助工序，也要根据生产情况进行合理安排。

4. 拟订工艺路线

根据上述分析，拟订工艺路线，如图 1-11 所示。

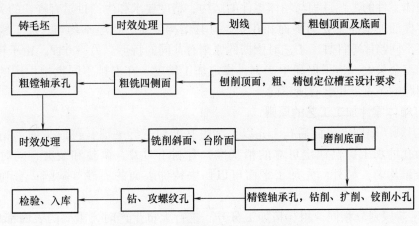

图 1-11　主轴箱体工艺路线流程图

5. 计算工序尺寸

查表得各道工序的经济精度及加工余量的基本数值，根据不同加工方法，在生产中参照有关工艺手册或企业、行业标准来确定各道工序余量的基本数值及工序加工的经济精度；根据定位基准、工序基准、测量基准与设计基准，采用不同的计算方法计算出工序尺寸及公差。

确定 $\phi 115\text{mm}$ 轴承孔镗削加工的加工余量、工序尺寸和公差。

加工工序为：粗镗—半精镗—精镗。毛坯的加工余量为 22mm，半精镗的加工余量为 1.3mm，精镗的加工余量为 0.7mm。则粗镗余量

$$Z_{粗} = [22\text{mm} - (0.7\text{mm} + 1.3\text{mm})] = 20\text{mm}$$

半精镗后公称尺寸

$$D_1 = 115\text{mm} - 0.7\text{mm} = 114.3\text{mm}$$

粗镗后公称尺寸

$$D_2 = 114.3\text{mm} - 1.3\text{mm} = 113\text{mm}$$

毛坯公称尺寸

$$D_3 = 113\text{mm} - 20\text{mm} = 93\text{mm}$$

按各个工序的经济精度确定尺寸公差如下：

1）精镗：H7，查表得 $T_1 = 0.035\text{mm}$。

2）半精镗：H9，查表得 $T_2 = 0.087\text{mm}$。

3）粗镗：H12，查表得 $T_3 = 0.35\text{mm}$。

按"入体原则"表示各工序尺寸及公差（其中毛坯按"双向"标注）如下：

1）毛坯孔：$\phi(93 \pm 5)\text{mm}$。

2）粗镗：$\phi 113^{+0.35}_{0}\text{mm}$。

3）半精镗：$\phi 114.3^{+0.087}_{0}\text{mm}$。

4）精镗：$\phi 115^{+0.022}_{-0.013}\text{mm}$。

三、相关知识点

各种箱体零件的工艺过程与箱体零件的结构、精度要求和生产批量有密切的关系。一方面，箱体零件的加工面主要为平面和孔系，且其结构复杂、壁厚不均匀、加工精度不易控制，在制订不同箱体零件加工工艺时依据的原则有共同的特点。另一方面，由于箱体零件加工面多，加工余量大，为了提高生产率，稳定加工精度，在安排不同批量生产的工艺过程时，考虑问题的侧重点也会有所不同。

1. 拟订箱体零件加工工艺的原则

1）加工顺序相同，先面后孔。先以孔为粗基准加工好平面，再以平面为精基准加工孔，既能为孔的加工提供稳定可靠的精基准，有利于对刀、调整和装夹，同时也可保证孔的加工余量均匀。另外，先加工平面可以切去铸件表面的夹砂等缺陷，有利于保护刀具。

2）加工阶段划分相同，粗、精加工分开。进行大批生产时，重要的表面都划分为粗、精加工两个阶段，这样可减少或消除粗加工产生的内应力和切削热对加工精度的影响。同时，粗、精加工分开也可及时发现毛坯的缺陷，避免浪费。但在单件小批生产时，为减少设备数量和工件的转运次数，将粗、精加工安排在同一机床上进行，只是在粗加工后将工件松开，使之应力释放，并得到冷却，然后再进行加工。

3）工序间均安排时效处理。箱体零件结构复杂、壁厚不均，铸造、焊接后均有较大的残余应力。为防止工件在加工中变形，使箱体类零件的精度能长期保持稳定，需对箱体零件进行消除内应力的时效处理。时效处理分为自然时效处理和人工时效处理。采用自然时效处

理效果好，但周期长，只适用于部分精度较高的箱体零件。生产中，一般都采用人工时效处理，人工时效处理工艺规范为：加热至500~550℃，保温1~6h，冷却速度小于或等于30℃/h，出炉温度小于200℃。

对于普通精度的箱体，铸造后安排一次人工时效处理即可；而对于高精度的箱体或形状较复杂的箱体，粗加工后需再安排一次人工时效处理，以提高加工精度的稳定性。

2. 不同批量箱体加工的特点

（1）粗基准的选择　小批生产时，由于毛坯精度较低，一般采用划线找正装夹工件，以主轴孔为粗基准划线，保证主轴孔的加工余量均匀；大批生产时，直接以主轴孔为粗基准，通过专用夹具装夹工件。

（2）精基准选择　小批生产时，选择装配基准面为精基准，实现基准重合，便于加工安装；大批生产时，以底面及其上的两个工艺孔为精基准（一面二孔），实现基准统一。

四、相关实践知识

1. 加工方法的选择

（1）孔加工常用方法的特点　在箱体上加工孔的方法主要有钻削、镗削、铰削及研磨等。对于公差等级为IT6~IT7的孔，一般可采用镗削或铰削的加工方法；加工大而浅的孔宜采用镗削的加工方法；加工小而深的孔宜采用铰削的加工方法。对于公差等级超过IT6、表面粗糙度Ra值小于0.63μm的高精度孔，还需进行精细镗削或研磨加工。

（2）平面加工常用方法的特点（表1-9）

表1-9　箱体零件平面加工常用方法的特点

	刨　削	铣　削	磨　削
用途	主要用于箱体零件平面的粗加工及半精加工	主要用于箱体平面的粗加工及半精加工	主要用于生产批量较大时主要平面的精加工
特点	刨削刀具结构简单，机床调整方便，但生产率低	铣削生产率高于刨削，还可以采用组合铣对箱体各平面进行多刃、多面同时铣削，以提高生产率及保证平面间的相互位置精度	同样可采用组合磨削，提高生产率及保证平面间的相互位置精度
适用范围	适用于单件小批生产	多用于成批大量生产，也可用于单件小批生产	主要用于大批生产

（3）典型箱体零件的加工方法和工艺路线

1）平面：粗刨—精刨；粗刨—半精刨—磨削；粗铣—精铣，或粗铣—磨削（粗磨和精磨）。

2）公差等级为IT6~IT7的箱体孔：粗镗—半精镗—精镗—浮动镗。

3）直径小于50mm的轴承孔：钻—扩—铰。

4）箱体顶面紧固孔：采用盖板式钻模，在摇臂钻床上加工。

2. 孔的加工余量

常用孔的加工余量见表1-10、表1-11。

表 1-10　H7、H8、H9（基孔制）孔的加工余量　　　　（单位：mm）

加工孔的直径	直径					精铰H7或H8、H9	加工孔的直径	直径					精铰H7或H8、H9
	钻		用车刀镗以后	扩孔钻	粗铰			钻		用车刀镗以后	扩孔钻	粗铰	
	第一次	第二次						第一次	第二次				
3	2.9	—	—	—	—	3	24	22.0	—	23.8	23.8	23.94	24
4	3.9	—	—	—	—	4	25	23.0	—	24.8	24.8	24.94	25
5	4.8	—	—	—	—	5	26	24.0	—	25.8	25.8	25.94	26
6	5.8	—	—	—	—	6	28	26.0	—	27.8	27.8	27.94	28
8	7.8	—	—	—	7.96	8	30	15.0	28	29.8	29.8	29.93	30
10	9.8	—	—	—	9.96	10	32	15.0	30.0	31.7	31.75	31.93	32
12	11.0	—	—	11.85	11.95	12	35	20.0	33.0	34.7	34.75	34.93	35
13	12.0	—	—	12.85	12.95	13	38	20.0	36.0	37.7	37.75	37.93	38
14	13.0	—	—	13.85	13.95	14	40	25.0	38.0	39.7	39.75	39.93	40
15	14.0	—	—	14.85	14.95	15	42	25.0	40.0	41.7	41.75	41.93	42
16	15.0	—	—	15.85	15.95	16	45	25.0	43.0	44.7	44.75	44.93	45
18	17.0	—	—	17.85	17.94	18	48	25.0	46.0	47.7	47.75	47.93	48
20	18.0	—	19.8	19.8	19.94	20	50	25.0	48.0	49.7	49.75	49.93	50
22	20.0	—	21.8	21.8	21.94	22	60	30	55.0	59.5	—	59.9	60

注：1. 在铸铁上加工直径小于 15mm 的孔时，不用扩孔、镗孔的加工方式。

　　2. 在铸铁上加工直径为 30mm、32mm 的孔时，仅用直径为 28mm、30mm 的钻头各钻一次。

　　3. 如果仅铰一次孔，则铰孔的加工余量为本表中粗铰与精铰加工余量的总和。

表 1-11　预先铸出或冲出的孔加工至 IT7 或 IT8、IT9 时的加工余量　　（单位：mm）

加工孔的直径	直径					粗镗 H6 或 H8、H9
	粗镗		精镗		粗镗	
	第一次	第二次	镗后直径	按照 H11 公差		
30	—	28.0	29.8	+0.13	29.93	30
32	—	30.0	31.7	+0.16	31.93	32
35	—	33.0	34.7	+0.16	34.93	35
38	—	36.0	37.7	+0.16	37.93	38
40	—	38.0	39.7	+0.16	39.93	40
42	—	40.0	41.7	+0.16	41.93	42
45	—	43.0	44.7	+0.16	44.93	45
48	—	46.0	47.7	+0.16	47.93	48
50	45	48.0	49.7	+0.16	49.93	50
52	47	50.0	51.5	+0.19	51.92	52
55	51	53.0	54.5	+0.19	54.92	55
58	54	56.0	57.5	+0.19	57.92	58
60	56	58.0	59.5	+0.19	59.92	60
62	58	60.0	61.5	+0.19	61.92	62
65	61	63.0	64.5	+0.19	64.92	65

（续）

加工孔的直径	直　径				粗镗	粗镗 H6 或 H8、H9
	粗镗		精镗			
	第一次	第二次	镗后直径	按照 H11 公差		
68	64	66.0	67.5	+0.19	67.90	68
70	66	68.0	69.5	+0.19	69.90	70
72	68	70.0	71.5	+0.19	71.90	72
75	71	73.0	74.5	+0.19	74.90	75
78	74	76.0	77.5	+0.19	77.90	78
80	75	78.0	79.5	+0.19	79.9	80
82	77	80.0	81.3	+0.22	81.85	82
85	80	83.0	84.3	+0.22	84.85	85
88	83	86.0	87.3	+0.22	87.85	88
90	85	88.0	89.3	+0.22	89.85	90
92	87	90.0	91.3	+0.22	91.85	92
95	90	93.0	94.3	+0.22	94.85	95
98	93	96.0	97.3	+0.22	97.85	98
100	95	98.0	99.3	+0.22	99.85	100
105	100	103.0	104.3	+0.22	104.8	105
110	105	108.0	109.3	+0.22	109.8	110
115	110	113.0	114.3	+0.22	114.8	115
120	115	118.0	119.3	+0.22	119.8	120
125	120	123.0	124.3	+0.25	124.8	125
130	125	128.0	129.3	+0.25	129.8	130
135	130	133.0	134.3	+0.25	134.8	135
140	135	138.0	139.3	+0.25	139.8	140
145	140	143.0	144.3	+0.25	144.8	145
150	145	148.0	149.3	+0.25	149.8	150
155	150	153.0	154.3	+0.25	154.8	155
160	155	158.0	159.3	+0.25	159.8	160
165	160	163.0	164.3	+0.25	164.8	165
170	165	168.0	169.3	+0.25	169.8	170
175	170	173.0	174.3	+0.25	174.8	175
180	175	178.0	179.3	+0.25	179.8	180
185	180	183.0	184.3	+0.29	184.8	185
190	185	188.0	189.3	+0.29	189.8	190
195	190	193.0	194.3	+0.29	194.8	195
200	194	197.0	199.3	+0.29	199.8	200

注：1. 如果仅铰削一次孔，则铰孔的加工余量为粗铰与精铰加工余量之和。

　　2. 如果铸出的孔有最大加工余量，则第一次粗镗可以分成两次或多次进行。

五、思考与练习

1. 根据箱体零件的特点，选择粗基准时，主要考虑哪些问题？针对不同的生产类型应如何选择粗基准？

2. 如何正确选择箱体加工的精基准？试比较箱体加工采用的两种精基准——"一面两孔"及"箱体底面"组合定位的优缺点及适用场合。

3. 某箱体毛坯为带孔铸件，孔要求达到 $\phi100H7$，Ra 为 $0.8\mu m$，材料为 HT200。其工艺路线为粗镗—半精镗—精镗—精密镗。试确定 $\phi100H7$ 孔加工的各工序尺寸和公差（工序余量查表确定，尺寸精度参考各加工方法的经济精度和相应公差值）。

项目2 箱体零件加工设备的选择

制订工艺规程时,工件表面的加工方法确定后,机床的种类就基本上可以确定了。但是,每一类机床都有不同的形式,它们的工艺范围、技术规格、加工精度、生产率和自动化程度等都各不相同。要正确选用机床,首先应充分了解机床的技术性能,其次要考虑以下几点:

1）机床的精度应和工件的精度相适应。
2）机床的技术规格应与工件的尺寸相适应。
3）机床的生产率和自动化程度与零件的生产纲领相适应。
4）机床的选择应与现场生产条件相适应。

【教学目标】

最终目标：会选择合适的钻床、镗床和加工中心对箱体零件进行加工。

促成目标：

1）了解常用钻床、镗床和加工中心的结构、性能和参数。
2）了解钻床、镗床和加工中心维护的要求和方法。
3）了解钻床、镗床和加工中心的选择原则。
4）能对钻床、镗床和加工中心进行维护、保养。

模块1 钻床的选择

一、教学目标

最终目标：会选择合适的钻床对箱体零件进行加工。

促成目标：

1）能根据加工对象选择合适的钻床。
2）能对钻床进行维护、保养。

二、案例分析

如附图所示,主轴箱箱体底面孔 $4 \times \phi 14$mm、$M16 \times 1.5$mm、$\phi 30$mm 锪平和两侧面 M6 螺纹孔,以及顶部、定位槽底部的 M8 螺孔,均选择 Z3040 摇臂钻床进行加工。

选择设备时,首先要分析加工面的尺寸大小、精度及加工方法,再有针对性地选择合适的机床,当然还要根据企业的条件。

1. 加工面尺寸大小、精度及加工方法

箱体尺寸为 355mm $\times 335$mm $\times 275$mm,孔分布于箱体四个外表面上,如附图所示。

2. 钻床的选择

经过对零件的分析可知,较高的加工精度由钻模保证,其他诸如表面粗糙度等要求,一般钻床均可保证。钻床的性能需满足以下几个方面：

1）钻孔直径规格满足设计要求。

2）工件安装尺寸满足主轴箱大小要求。

3）一次安装后便于对箱体的多个孔进行加工。

4）若有螺孔，钻床的主轴转速还应满足攻螺纹的低转速要求。

根据上述分析，查阅机床及工艺手册，选择便于进行箱体多孔加工的摇臂钻床，规格在 Z3040 型以上。再根据企业已有设备情况确定钻床的规格，一般在满足条件的情况下选择尽量小规格、精度低的机床，够用即可。

三、相关知识点

1. 钻床主要类型及型号

钻床主要是用钻头钻削直径不大、精度要求较低的内孔，也可进行扩孔、铰孔及攻螺纹等加工。加工时，工件固定不动，刀具旋转形成主运动，同时沿轴向移动完成进给运动，如图 2-1 所示。钻床的进给量用主轴每转一转时主轴的轴向移动量来表示。

钻床的主要类型有台式钻床、立式钻床、摇臂钻床及专用钻床等。

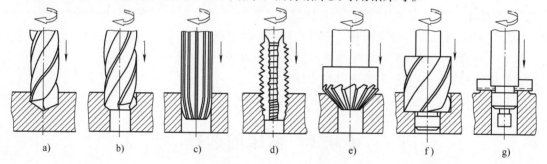

图 2-1　钻床的加工方法

a）钻孔　b）扩孔　c）铰孔　d）攻螺纹　e）、f）锪埋头孔　g）锪端面

钻床型号如下：

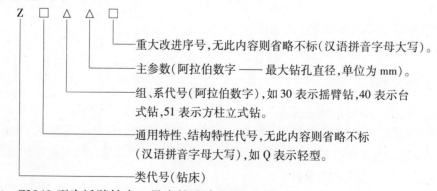

重大改进序号，无此内容则省略不标（汉语拼音字母大写）。

主参数（阿拉伯数字 —— 最大钻孔直径，单位为 mm）。

组、系代号（阿拉伯数字），如 30 表示摇臂钻，40 表示台式钻，51 表示方柱立式钻。

通用特性、结构特性代号，无此内容则省略不标（汉语拼音字母大写），如 Q 表示轻型。

类代号（钻床）

例如：Z3040 型为摇臂钻床，最大钻孔直径为 40mm。

Z4016B 型为台式钻床，最大钻孔直径为 16mm。

ZQ5180A 型为轻型方柱立式钻床，最大钻孔直径为 80mm。

2. 常用钻床

（1）立式钻床　立式钻床是应用较广的一种钻床，其特点是主轴垂直布置，位置固定不变。在立式钻床上加工完一个孔再加工另一孔时，需要移动工件，使刀具与另一个孔对准。这对于大而笨重的零件来说，控制很不方便。因此，立式钻床仅适用于加工单件、小批生产的中、小型零件。

多轴立式钻床是立式钻床的一种，可对孔进行不同内容的加工或同时加工多个孔，大大提高了生产效率。台式钻床实质上是一种加工小孔的立式钻床，结构简单、小巧，使用方便，适于加工小型零件上的小孔。

图2-2所示为立式钻床的外形图。主轴箱3中装有主运动和进给运动变速机构、主轴部件及操纵机构等。加工时，主轴箱固定不动，主轴随同主轴套筒在主轴箱中做直线进给运动。利用装在主轴箱上的进给操纵机构5，可以使主轴实现手动快速升降，手动进给，以及起动、停止自动进给。工件通过夹具或直接装夹在工作台上。工作台和主轴箱都装在方形立柱4的垂直导轨上，并可上下调整位置，以适应加工不同高度的工件。

立式钻床的传动原理如图2-3所示，菱形框表示换置机构，主轴旋转方向的变换靠电动机正、反转实现。

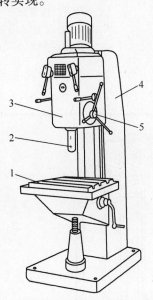

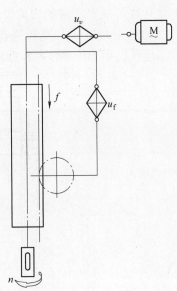

图2-2　立式钻床

1—工作台　2—主轴　3—主轴箱
4—立柱　5—进给操纵机构

图2-3　立式钻床传动原理图

（2）Z3040型摇臂钻床　对结构尺寸大且较重的工件进行孔加工时，移动工件费力，找正困难。因此，加工时希望工件固定，主轴能随加工孔的需要调整位置，这就产生了摇臂钻床。摇臂钻床的主轴箱可沿摇臂上的导轨横向调整位置，摇臂可沿立柱的圆柱面上、下调整位置，还可绕立柱转动。加工时，工件固定不动，通过调整主轴的位置，使其中心对准被加工孔的中心，并快速夹紧，保持准确的位置。摇臂钻床广泛地应用于单件和中、小批生产中的大、中型零件的加工。

加工任意方向和任意位置的孔和孔系时，可以选用万向摇臂钻床，机床主轴可在空间绕二特定轴线旋转。机床上端还有吊环，可以吊放在任意位置。

目前，常用的是Z3040型摇臂钻床。

　　图 2-4 所示为 Z3040 型摇臂钻床的外形图，它由底座、立柱、摇臂、主轴箱等部件组
成。底座 1 和工作台 6 都可以装夹工件，主轴箱 4 装在
摇臂 3 上，可沿摇臂上的水平导轨移动，摇臂 3 还可绕
立柱 2 的轴线转动，同时摇臂又可在外立柱上做上下升
降运动。可见，主轴 5 可方便地调整到需要的加工位置
上。

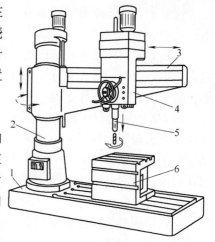

　　主要部件结构介绍如下。

　　1）主轴部件。图 2-5 所示为 Z3040 型摇臂钻床主轴
部件的结构。主轴 1 由深沟球轴承和推力球轴承支承在
主轴套筒 2 内，做旋转主运动。套筒外圆的一侧铣有齿
条，由齿轮传动，连同主轴一起做轴向进给运动。主轴
的旋转运动由主轴箱内的齿轮，经主轴尾部的花键传入，
而该传动齿轮则由轴承直接支承在主轴箱箱体上，使主
轴卸荷。这样既可减少主轴的弯曲变形，又可使主轴移
动轻便。主轴的前端有 4 号莫氏锥孔，用于装夹刀具，
还有两个扁尾孔，用于传递转矩和拆卸刀具。

图 2-4　摇臂钻床

1—底座　2—立柱　3—摇臂
4—主轴箱　5—主轴　6—工作台

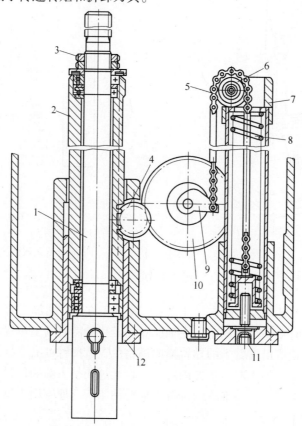

图 2-5　Z3040 型摇臂钻床主轴部件结构

1—主轴　2—主轴套筒　3—螺母　4—小齿轮　5—链条　6—链轮　7—弹簧座
8—弹簧　9—凸轮　10—齿轮　11—内六角螺钉　12—镶套

钻床的主轴部件是垂直安装的，为了平衡其重力并使主轴升降轻便，设有平衡装置。主轴部件采用弹簧凸轮平衡装置。平衡装置由凸轮 9、压力弹簧 8 和链条 5 等组成。当主轴部件上下移动时，弹簧 8 的压缩量随之改变，弹簧力也随之变化。由于链条 5 绕在凸轮 9 上，凸轮曲线使链条对凸轮的拉力作用线位置发生相应变化，即力臂增大或减小，从而使主轴部件重力和弹簧力保持恒定的平衡力矩，使主轴部件在任何位置上都能处于平衡状态。可用螺钉 11 调整弹簧的压缩量以调整平衡力大小。

2）立柱。Z3040 型摇臂钻床的立柱如图 2-6 所示，由圆柱形内外双层立柱组成。内立柱 5 用螺钉紧固在底座 1 上，外立柱 3 上部由深沟球轴承 6 和推力球轴承 7 支承，下部内外立柱之间由滚柱链支承在内立柱上。摇臂 4 以其一端的套筒套在外立柱上，并用导键联接（图 2-6 中未示出）。调整主轴位置时，松开夹紧机构，摇臂和外立柱一起绕内立柱转动，同时，摇臂又可相对外立柱作升降运动。摇臂转到所需位置后，夹紧机构产生的向下夹紧力迫使平板弹簧 8 变形，外立柱向下移动，并压紧在圆锥面 A 上，依靠锥面间的摩擦力将外立柱压紧在内立柱上。

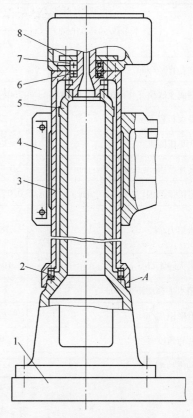

图 2-6 立柱结构图

1—底座 2—滚柱 3—外立柱 4—摇臂 5—内立柱
6—深沟球轴承 7—推力球轴承 8—板弹簧

3. 摇臂钻床的主要技术参数

常见摇臂钻床的主要技术参数见表 2-1 ～ 表 2-3。

表 2-1 摇臂钻床型号与主要技术参数

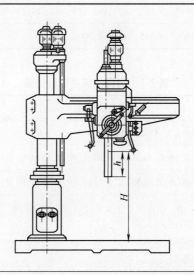

（续）

技术参数	型　号				
	Z3025	Z3040	Z35	Z37	Z35K
最大钻孔直径/mm	25	40	50	75	50
主轴端面至底座工作面的距离 H/mm	250~1000	350~1250	470~1500	600~1750	—
主轴最大行程 h/mm	250	315	350	450	350
主轴孔莫氏圆锥	3 号	4 号	5 号	6 号	5 号
主轴转速范围（见表2-2）/r·min^{-1}	50~2500	25~2000	34~1700	11.2~1400	20~900
主轴进给量范围（见表2-3）/mm·r^{-1}	0.05~1.6	0.04~3.2	0.03~1.2	0.037~2	0.1~0.8
最大进给力/N	7848	16000	19620	33354	12262.5（垂直位置） 19620（水平位置）
主轴最大转矩/N·m	196.2	400	735.75	1177.2	—
主轴箱水平移动距离/mm	630	1250	1150	1500	—
横臂升降距离/mm	525	600	680	700	1500
横臂回转角度/(°)	360	360	360	360	360
主电动机功率/kW	2.2	3	4.5	7	4.5

表2-2　摇臂钻床主轴转速

型号	转速/r·min^{-1}
Z3025	50、80、125、200、250、315、400、500、630、1000、1600、2500
Z3040	25、40、63、80、100、125、160、200、250、320、400、500、630、800、1250、2000
Z35	34、42、53、67、85、105、132、170、265、335、420、530、670、850、1051、1320、1700
Z37	11.2、14、18、22.4、28、35.5、45、56、71、90、112、140、180、224、280、355、450、560、710、900、1120、1400
Z35K	20、28、40、56、80、112、160、224、315、450、630、900

表2-3　摇臂钻床主轴进给量

型号	进给量/mm·r^{-1}
Z3025	0.05、0.08、0.12、0.16、0.2、0.25、0.3、0.4、0.5、0.63、1.00、1.60
Z3040	0.03、0.06、0.10、0.13、0.16、0.20、0.25、0.32、0.40、0.50、0.63、0.80、1.00、1.25、2.00、3.20
Z35	0.03、0.04、0.05、0.07、0.09、0.12、0.14、0.15、0.19、0.20、0.25、0.26、0.32、0.40、0.56、0.67、0.90、1.2
Z37	0.037、0.045、0.060、0.071、0.090、0.118、0.150、0.180、0.236、0.315、0.375、0.50、0.60、0.75、1.00、1.25、1.50、2.00
Z35K	0.1、0.2、0.3、0.4、0.6、0.8

四、相关实践知识

设备的日常维护和保养是企业设备管理的重要组成部分。设备操作人员必须认真做好设备的日常维护和保养，使设备经常处于整齐、清洁、润滑和安全可靠的良好技术状态，确保企业生产顺利进行。

（1）日常保养内容和要求

1）班前保养。

①擦净机床外露导轨表面及滑动面上的尘土，检查有无磕碰、划伤。

②按润滑图表的规定润滑各部位。

③检查各操作手把、手柄和挡块位置。

④空运行调试。

2）班后保养。清扫铁屑，擦拭各部位，部件归位。

（2）一级保养内容和要求

1）机床外表和床身保养。

①擦拭机床外表、罩盖及附件，要求内外清洁，无锈蚀，无油污。

②擦拭丝杠、齿条、齿轮及链条等传动件。

③对于立式钻床，还需修整床身导轨毛刺。

2）传动系统保养。

①检查各传动机械是否正常。

②检查各操作手柄、限位装置、夹紧装置是否准确可靠。

③修整锥孔及套筒表面的毛刺。

3）润滑与冷却保养。

①检查油质、油量及油位，清洗油线、油毡和过滤器，要求油量充足，油路畅通，油窗清晰。

②清洗过滤器、冷却泵及冷却箱、达到管路畅通无泄漏。

③检查液压系统、调整工作压力。

4）电器保养。清理电器元件，检查接地是否安全可靠。电器的维护保养需由电工操作。

五、思考与练习

1. 钻床主要用于加工工件的哪些表面？

2. 常用钻床的结构、性能和参数是什么？

3. 用于加工箱体零件的钻床有哪些类型？

模块2　镗床的选择

一、教学目标

最终目标：会选择合适的镗床对箱体零件进行加工。

促成目标：

1）能根据加工对象选择合适的镗床。

2）会进行镗床的维护、保养。

二、案例分析

如附图所示，$\phi115J7$、$\phi100\ J7$、$\phi62_{-0.018}^{+0.028}$ mm、$\phi47_{-0.015}^{+0.024}$ mm、$\phi30_{0}^{+0.033}$ mm 及 $\phi25_{0}^{+0.033}$ mm 孔均可使用镗床进行加工。其中，$\phi30_{0}^{+0.033}$ mm、$\phi25_{0}^{+0.033}$ mm 孔在毛坯中未铸出，需先钻出来。加工方案为：钻孔—扩孔—铰孔。在此选择 T619 卧式铣镗床作为镗孔加工设备。

1. 分析加工面尺寸、精度及加工方法

了解各加工表面情况，选择的镗床性能需满足以下要求：

1）镗床的加工精度满足零件工序尺寸精度要求。

2）镗孔的直径规格满足设计要求。

3）工件安装尺寸满足主轴箱箱体大小要求。

4）可进行 $\phi120$mm 等内侧孔端面的镗削加工。

5）应具备钻孔、扩孔及铰孔的功能。

2. 选择镗床

根据上述分析，选择 T619 卧式铣镗床。T619 卧式铣镗床是机加工车间常备的镗削加工设备，又称万能镗床。也可根据企业的设备条件选择其他类似的镗床。

三、相关知识点

1. 镗床主要类型及型号

镗床的主要工作是用镗刀进行镗孔，也可进行铣平面、车凸缘及切螺纹等工作，有卧式镗床、立式镗床、落地镗床、金刚镗床和坐标镗床等多种类型。

镗床型号如下：

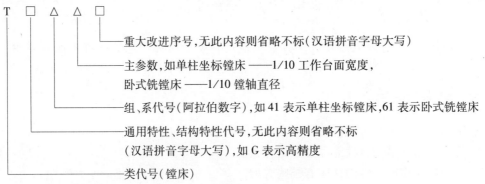

例如：T4145 型为单柱坐标镗床，工作台宽度为 450mm。

T4240 型为双柱坐标镗床，工作台宽度为 400mm。

T6111 型为卧式铣镗床，镗轴直径为 110mm（最大镗孔直径 600mm）。

2. 常用镗床

（1）卧式铣镗床　卧式铣镗床又称万能镗床，除镗孔外，还可以进行铣削、钻孔、扩孔、铰孔、镗端面及镗螺纹等加工。因此，卧式铣镗床能在工件一次装夹中完成大部分或全

部加工工序。

其典型加工方法如图 2-7 所示。图 2-7a 所示为用装在镗轴上的悬伸刀杆镗孔，通过镗轴移动完成纵向进给运动（f_1）；图 2-7b 所示为利用后立柱支承长刀杆镗削同一轴线上的孔，工作台完成纵向进给运动（f_3）；图 2-7c 所示为用装在平旋盘上的悬伸刀杆镗削大直径的孔，工作台完成纵向进给运动（f_3）；图 2-7d 所示为用装在镗轴上的面铣刀铣平面，主轴箱完成垂直进给运动（f_2）；图 2-7e、f 所示为用装在平旋盘刀具溜板上的刀具镗内沟槽和端面，刀具溜板做径向进给运动（f_4）。

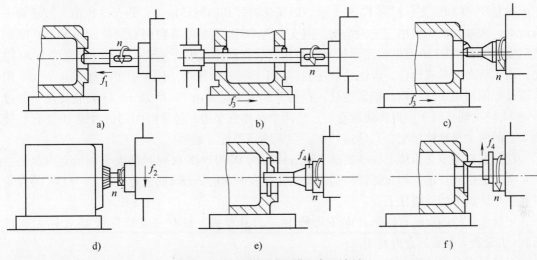

图 2-7 卧式铣镗床的典型加工方法

图 2-8 所示为 TP619 型卧式铣镗床，它由床身 1、主轴箱 9、工作台 5、平旋盘 7 和前立柱 8、后立柱 2 等部件组成。主轴箱内装有主轴 6，平旋盘 7，以及主变速、进给变速和液压预选变速操纵机构。加工时，主轴 6 旋转形成主运动，并可沿其轴线移动实现轴向进给运动；平旋盘 7 只做旋转主运动，装在平旋盘导轨上的径向刀具溜板（图 2-8 中未示出）除了

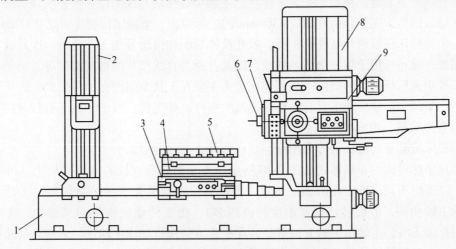

图 2-8 TP619 型卧式铣镗床外形图

1—床身 2—后立柱 3—下滑座 4—上滑座 5—工作台

6—主轴 7—平旋盘 8—前立柱 9—主轴箱

随平旋盘一起旋转外，还可沿导轨移动做径向进给运动；主轴箱 9 可沿前立柱 8 的垂直导轨做上下移动，以实现垂直进给运动。工作台组件由下滑座 3、上滑座 4 和工作台 5 组成，工件装夹在工作台上，并可绕垂直轴线在导轨上回转（转位），或随上滑座 4 沿下滑座 3 的导轨做横向移动（横向进给运动），以及随下滑座沿床身导轨做纵向移动（纵向进给运动）。装在后立柱 2 垂直导轨上，可以上下移动的后支承架，用以支承长镗杆的悬伸端，以增加其刚度。后立柱可沿床身导轨调整纵向位置，以支承不同长度的镗杆。

TP619 型卧式铣镗床主轴部件的结构如图 2-9 所示，镗轴 2 由压入镗轴套筒 3 两端的前支承衬套 8、9 和后支承衬套 12 来支承，以保证有较高的回转精度，并允许镗轴 2 做轴向进给运动。镗轴套筒 3 采用三支承结构，前支承为 D3182126 型双列向心圆柱滚子轴承，中间及后支承为 D2007126 型圆锥滚子轴承，直接安装在箱体孔中，主轴前端有一精密的 1:20 锥孔，用于装夹刀具或镗杆；该锥孔处还铣有两个腰形孔 a 和 b，孔 b 用于拆卸刀具，孔 a 用于镗孔或倒刮端面时用楔块楔紧镗杆。镗轴 2 的旋转运动由 $z = 75$ 或 $z = 43$ 齿轮传动，通过平键 11 使镗轴套筒 3 获得旋转运动后，经两个对称分布的、起导向作用的滑键 10（它与镗轴 2 上的两个长键槽相配合）传递转矩，使镗轴获得旋转运动。

法兰盘 4 固定在箱体上，平旋盘 7 通过特制的 D2007948 双列圆锥滚子轴承支承在法兰盘 4 上，并由通过定位销和螺钉与平旋盘 7 联接在一起的 $z = 80$ 的齿轮传动。$z = 176$ 的齿轮空套在平旋盘 7 的外圆柱上。

平旋盘 7 的端面铣有四条径向 T 形槽 14。刀具溜板上铣有两条 T 形槽 15（见 K 向视图），供安装刀架或刀盘时使用。

刀具溜板 1 在平旋盘 7 的燕尾导轨上作径向进给运动，导轨的间隙由其上的镶条进行调整。如不需要径向进给时，可用螺塞 5 通过销钉 6 将刀具溜板锁紧在平旋盘上，以增加刚度。

（2）坐标镗床　坐标镗床主要用于尺寸精度和位置精度要求都很高的孔系的加工。例如，钻模、镗模和量具等零件上精密孔的加工。

坐标镗床的制造精度很高，具有良好的刚度和抗振性，其主要特点是具有坐标位置的精密测量装置。测量装置能精确地确定工作台、主轴箱等移动部件的位移量，实现工件和刀具的精确定位。例如，工作台面宽 200 ~ 300mm 的坐标镗床，坐标定位精度可达 0.002mm。除镗孔外，坐标镗床还可进行钻孔、扩孔、铰孔及铣端面和沟槽等加工。此外，因其具有很高的定位精度，故还可用于精密刻线、划线，以及孔距及直线尺寸的精密测量等。可见，坐标镗床是一种用途广泛的精密机床。坐标镗床过去主要在工具车间用作单件生产，近年来逐渐应用到生产车间中，成批加工具有高精度孔系的零件，如飞机、汽车和机床等行业的箱体零件（可以省掉钻模、镗模等夹具）。

坐标镗床按其布局形式可分为单柱、双柱和卧式三种类型。

①单柱坐标镗床的布局形式如图 2-10 所示。主轴箱装在立柱的垂直导轨上，可上下调整位置，以适应不同高度工件的加工要求。主轴由精密轴承支承在主轴套筒中（其结构形式与钻床主轴相同，但旋转精度和刚度要高得多），由主传动机构带动其旋转，实现主运动。进行孔加工时，主轴由主轴套筒带动，在垂直方向作自动或手动进给运动。镗孔坐标位置由工作台沿床鞍导轨的纵向移动和床鞍沿床身导轨的横向移动来确定。进行铣削时，进给运动通过工作台的纵向或横向移动实现。单柱坐标镗床一般为中、小型镗床（工作台面宽度小于 630mm）。

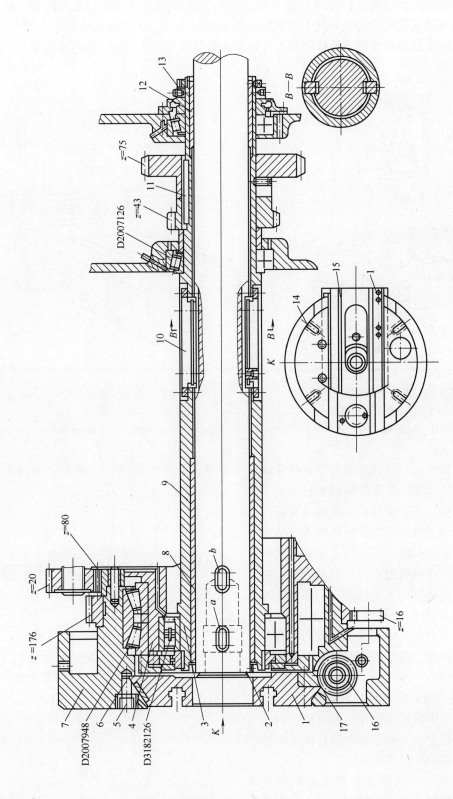

图 2-9 TP619 型卧式铣镗床主轴部件结构

1—平旋盘刀具溜板 2—镗轴 3—镗轴套筒 4—法兰盘 5、6—销钉 7—平旋盘 8、9—前支承衬套
10—滑键 11—平键 12—后支承衬套 13—调整螺母 14—径向 T 形槽 15—T 形槽 16—蜗杆 17—齿条

②双柱坐标镗床。这类坐标镗床具有由两个立柱、顶梁和床身构成的龙门框架，如图2-11所示。主轴箱装在可沿立柱导轨上下调整位置的横梁 2 上，工作台支承在床身导轨上。镗孔坐标位置由主轴箱沿横梁导轨移动和工作台沿床身导轨移动来确定。双柱坐标镗床一般为大、中型镗床。

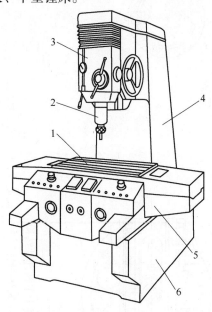

图 2-10　单柱坐标镗床
1—工作台　2—主轴　3—主轴筒
4—立柱　5—床鞍　6—床身

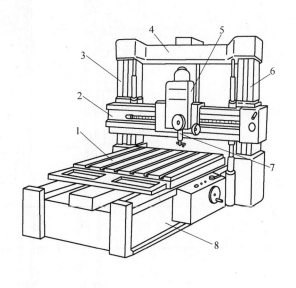

图 2-11　双柱坐标镗床
1—工作台　2—横梁　3、6—立柱
4—顶梁　5—主轴箱　7—主轴　8—床身

③卧式坐标镗床。这类镗床的特点是主轴水平布置，如图2-12所示。装夹工件的工作台由下滑座 1、上滑座 2 及可作精密分度的回转工作台 3 组成。镗孔坐标由下滑座沿床身导轨的纵向移动和主轴箱沿立柱导轨的垂直方向移动来确定。加工孔时，可通过主轴轴向移动完成进给运动，也可通过上滑座移动完成。卧式坐标镗床具有较好的工艺性能，工件高度不受限制，且装夹方便，利用工作台的分度运动，可在工件一次装夹中完成多个方向的孔与平面的加工。因此，近年来这类坐标镗床应用得越来越广泛。

坐标镗床上的坐标测量装置的种类很多，并且随着科学技术的进步也在不断发展，以实现更高的定位精度。下面主要介绍目前坐标镗床上应用最普遍的一种测量装置。

精密刻线尺——光屏读数器坐标测量装置。这种测量装置主要由精密刻线尺、光学放

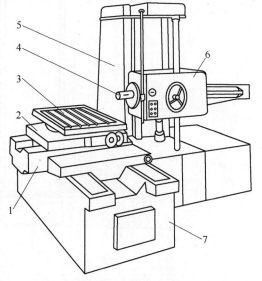

图 2-12　卧式坐标镗床
1—下滑座　2—上滑座　3—回转工作台
4—主轴　5—主柱　6—主轴箱　7—床身

大装置和读数头三部分组成。图 2-13 所示为 T4145 型单柱坐标镗床工作台位移光学测量装置的工作原理。精密刻线尺 3 是测量位移的基准元件，由线膨胀系数小、不易氧化生锈的合金金属或玻璃制成，上面刻有间隔为 1mm 的线纹。刻线尺装在工作台底面上的矩形槽中，刻线尺的刻线面向下，其一端与工作台保持连接，并随工作台一起作纵向移动。光学放大装

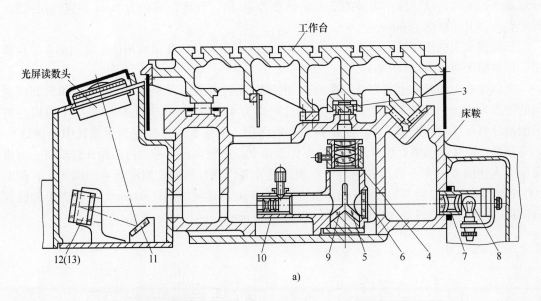

a)

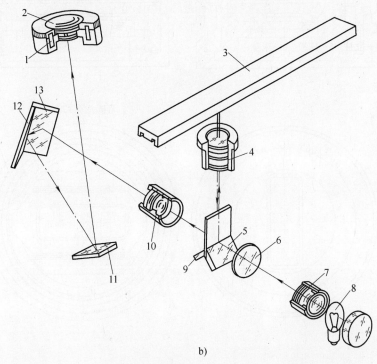

b)

图 2-13　T4145 型单柱坐标镗床工作台位移光学测量装置

1—光屏　2—目镜　3—精密刻线尺　4—前物镜　5—反光镜　6—滤色镜片　7—聚光镜

8—光源　9—反光镜　10—后物镜　11、12、13—反光镜

置包括光源和各种光学镜头,其作用是将刻线尺上的线纹间距放大,投影在光屏读数器上。光学放大装置装在床鞍上。由光源 8 经聚光镜 7 射出的平行光束,通过滤色镜片 6、反光镜 5 和前物镜 4 投射到精密刻线尺 3 的刻线面上。刻线尺上被照亮的线纹通过前物镜 4、反光镜 9、后物镜 10、反光镜 13、12 和 11,成像于光屏读数头的光屏 1 上,通过目镜 2 可以清晰地观察到放大的线纹像。物镜的总放大倍数为 40 倍,因此,间距为 1mm 的刻线尺线纹,投影在光屏上的距离为 40mm。

光屏读数头的作用是使刻线尺的线纹成像,并利用测微装置精确地读出移动部件的位移量,读数精度通常为 0.001mm。

光屏读数头的光屏上刻有 0 ~ 10 共 11 组等距离的双刻线(见图 2-14),相邻两刻线之间的距离为 4mm,这相当于精密刻线尺上的距离为 4mm × 1/40 = 0.1mm。光屏 1 镶嵌在可沿滚动导轨 6 移动的框架 5 中。由于弹簧 7 的作用,框架 5 通过装在其一端孔中的钢球 8,始终顶紧在阿基米德螺旋线内凸轮 3 的工作表面上。用刻度盘 4 带动内凸轮 3 转动时,可推动框架 5 连同光屏 1 一起沿着垂直于双刻线的方向作微量移动。刻度盘 4 的端面上,刻有 100 格圆周等分线。当其每转过一格时。内凸轮 3 推动光屏移动 0.04mm,这相当于刻线尺(亦即工作台)的位移量为 0.04mm × 1/40 = 0.001mm。

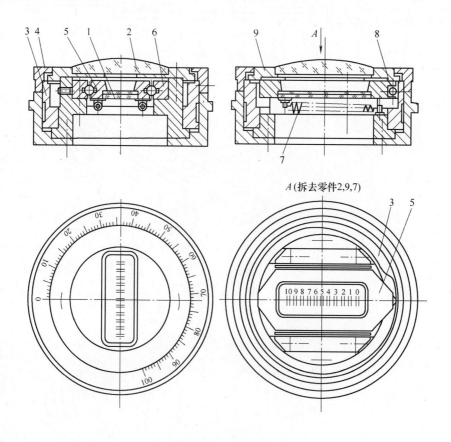

图 2-14 光屏读数头

1—光屏 2—目镜 3—内凸轮 4—滚花刻度盘 5—框架
6—滚动导轨 7—弹簧 8—钢球 9—盖

举例：测量图 2-15 所示零件上的孔 2。首先以孔 1 的中心为坐标原点，进行零位调整（即将镗杆置于孔 1 中心），将刻度盘刻线对准零位，并将光屏 1 的双刻线置于"0"正中（见图 2-16a），根据工作台上粗读数标尺纵向移动 75mm，再边移动工作台边观察读数头的光屏，使线纹像移至双刻线"2"组的正中。这时，工作台已纵向移动了 75.2mm（见图 2-16b）。最后将读数头上的刻度盘转过 45 格，使光屏上双刻线偏离"2"组的正中，然后微量移动工作台使其线纹像再回到"2"组的正中（见图 2-16c）。这样，工作台的纵向坐标移动量为 75.245mm。

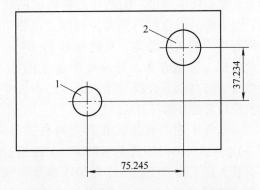

图 2-15　被测量零件上孔的坐标位置图

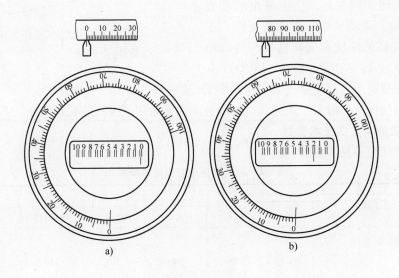

a)　　　　　　　　　b)

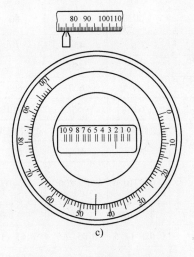

c)

图 2-16　坐标测量调整示例

（3）金刚镗床　为提高孔的加工精度和表面质量，加工时应采用较小的背吃刀量和进给量，提高切削速度。为适应高速切削的要求，过去曾采用金刚石镗刀进行加工。使用金刚石镗刀的机床结构、性能也有了相应的变化，称为金刚镗床，是一种精加工机床。硬质合金刀具获得广泛应用以后，已不再使用价格昂贵的金刚石刀具。

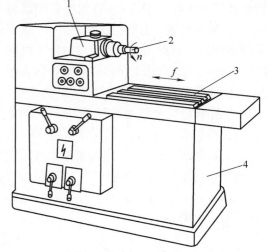

图 2-17　单面卧式金刚镗床
1—主轴箱　2—主轴　3—工作台　4—床身

金刚镗床主要有卧式和立式两种类型。图 2-17 所示为单面卧式金刚镗床。工件通过夹具装夹在工作台上，工作台沿床身导轨纵向移动实现进给运动，一般采用液压驱动，使运动平稳且可无级调速。主轴箱安装在床身上，主轴旋转实现主运动。主轴由电动机经带传动驱动，运动平稳，主轴短而粗，主轴组件具有较高的刚度和旋转精度，所以加工时可获得较高的尺寸精度（0.003 ~ 0.005mm）和很高的表面质量（表面粗糙度 Ra 值一般为 0.16 ~ 1.25μm）。

使用金刚镗床时一般需专用夹具，所以金刚镗床适用于成批或大量生产。

3. 卧式铣镗床主要技术参数

卧式铣镗床主要技术参数见表 2-4 ~ 表 2-9。

表 2-4　卧式铣镗床主要技术参数

技术规格	型　号				
	T616	T619	TDX6111	TPX6113	TX6211
最大加工孔径/mm					
镗孔（用镗杆）	240	240	240	550	240
镗孔（用平旋盘）	350	—	—	—	—
钻孔	50	65	80	60	80
用平旋盘最大加工外径/mm	350	450	—	700	—
用平旋盘最大加工端面/mm	400	450	—	800	—
用镗杆最大加工孔的深度/mm	—	600	600	1000	600
主轴直径/mm	63	85	110	125	110
主轴孔锥度	莫氏 4 号	莫氏 5 号	莫氏 6 号	米制 80 号	莫氏 6 号
主轴最大行程/mm	560	600	600	1000	600
主轴中心线至工作台面距离/mm	0 ~ 710	30 ~ 800	30 ~ 800	0 ~ 1400	1061 ~ 2661（至底座面）
主轴转速/r · min^{-1}	13 ~ 1160	20 ~ 1000	20 ~ 1000	7.5 ~ 1200	20 ~ 1000
主轴进给量/mm · r^{-1}	0.026 ~ 4.5	0.05 ~ 16	0.05 ~ 16	0.04 ~ 14.4	0.05 ~ 16
主轴最大转速/N · m	392.4	107.91	107.91	3433.5	107.91

（续）

技术规格	型　号				
	T616	T619	TDX6111	TPX6113	TX6211
切削抗力/N	7848	12753	12753	19620	12753
进给抗力/N	9810	12753	12753	29430	12753
主轴箱最大升降行程/mm	710	755	755	1400	1600
主轴箱进给量/mm·r^{-1}	与主轴进给量相同	0.025~8	0.025~8	0.025~8	0.015~5
工作台面尺寸/mm	900×700	1000×800	1000×800	1600×1250	—
工作台T形槽:数目	5	7	7	7	—
宽度/mm	22	22	22	28	—
中心距/mm	120	115	115	170	—
工作台最大行程:纵向/mm	900	1140	1225	1600	—
横向/mm	750	850	800	1400	—
工作台进给量/mm·r^{-1}	与主轴进给量相同	与主轴进给量相同	0.025~8	0.025~8	—
平旋盘T形槽:数目	2	1	—	2	—
宽度	12	18	—	22	—
中心距	265	—	—	—	—
刀架沿平旋盘移动行程/mm	135	170	—	—	—
平旋盘刀架T形槽:数目	2	1	—	—	—
宽度/mm	12	18	—	—	—
中心距/mm	112	—	—	—	—
平旋型转速/r·min^{-1}	13~134	10~200	—	4.5~250	—
平旋盘刀架进给量/mm·r^{-1}	与主轴进给量相同	与主轴进给量相同	—	0.025~8	—
螺距:米制/mm	—	1~10	1~10	1~10	1~10
寸制/(牙/in)	—	20~4	20~4	20~4	20~4
主电动机功率/kW	4	6.5	5.2/7	10	6.5/7

注：T611H为移动卧式铣镗床。

表 2-5　卧式铣镗床主轴转速

型号	转速/r·min^{-1}
T616	13、19、28、43、64、93、113、134、168、245、370、550、810、1160
T619 TDX6111 TX6211	20、25、32、40、50、64、80、100、125、160、200、250、315、400、500、630、800、1000
TPX6113	（正、反转）7.5、9.5、12、15、19、24、30、38、48、60、75、96、128、160、205、250、320、414、460、600、750、950、1200

表 2-6　卧式铣镗床主轴进给量

型号	进给量/mm · r⁻¹
T616	0.026 、0.037 、0.053 、0.072 、0.1 、0.145 、0.2 、0.28 、0.41 、0.58 、0.8 、1.13 、1.6 、2.25 、3.25 、4.5
T619 TDX6111 TX6211	0.05 、0.07 、0.1 、0.13 、0.19 、0.27 、0.37 、0.52 、0.74 、1.03 、1.43 、2.05 、2.9 、4 、5.7 、8 、11.1 、16
TPX6113	0.04 、0.06 、0.08 、0.12 、0.17 、0.24 、0.33 、0.47 、0.66 、0.92 、1.37 、1.83 、2.6 、3.64 、5.2 、7.23 、10.2 、14.4

表 2-7　卧式铣镗床主轴箱进给量

型号	进给量/mm · r⁻¹
T619 TDX6111 TPX6113	0.025 、0.035 、0.05 、0.07 、0.09 、0.13 、0.19 、0.26 、0.37 、0.52 、0.72 、1.03 、1.42 、2 、2.9 、4 、5.6 、8

表 2-8　卧式铣镗床工作台进给量

型号	进给量/mm · r⁻¹
TPX6113	0.025 、0.035 、0.05 、0.07 、0.09 、0.13 、0.19 、0.26 、0.37 、0.52 、0.72 、1.03 、1.42 、2 、2.9 、4 、5.6 、8

表 2-9　卧式铣镗床平旋盘刀架进给量

型号	进给量/mm · r⁻¹
TPX6113	0.025 、0.035 、0.05 、0.07 、0.09 、0.13 、0.19 、0.26 、0.37 、0.52 、0.72 、1.03 、1.42 、2 、2.9 、4 、5.6 、8

四、相关实践知识

镗床的种类较多，不同镗床的具体保养内容也有所区别。这里将卧式镗床、落地镗床做统一说明。

（1）日常保养内容和要求

1）班前保养。

①擦净机床外露导轨表面及滑动面的尘土，检查有无磕碰划伤。

②按润滑图表的规定润滑各部位。

③检查各操作手把、手柄和挡铁位置，有仪表的机床检查仪表读数。

④空运行调试。

2）班后保养。清扫铁屑，擦拭各部位，部件归位。

（2）一级保养内容和要求

1）机床外表和床身保养。

①擦拭机床外表、罩盖及附件，要求内外清洁，无锈蚀，无油污。

②擦拭丝杠、齿条、齿轮及链条等传动件。

③检查并补齐手柄、连接件及油杯。

2）传动系统及工作台的保养。

①检查各传动机械是否正常。

②拆洗平旋盘，调整挡铁和夹条间隙。

③检查电动机传动带、夹紧机构及平衡锤钢丝情况。

④清洗工作台、光杠及丝杠，要求无油污。

⑤修整导轨、锥孔及套筒表面的毛刺。

3）润滑与冷却保养。

①检查油质、油量及油位，清洗油阀、油毡和油池，要求油量充足，油路畅通，油窗清晰。

②清洗过滤器、冷却泵及冷却箱、达到管路畅通无泄漏。

③检查液压系统，调整工作压力。

4）电器保养。清扫电器元件，检查接地是否安全可靠。保养数显装置，保持准确可靠。电器的维护保养需由电工操作。

五、思考与练习

1. 镗床的主要类型有哪些？

2. 试分析卧式镗床的主运动和进给运动。

3. 镗床主要用于加工工件的什么表面？各类镗床的适用范围有何区别？

4. 坐标镗床在结构和使用条件上有何特点？

模块3　加工中心的选择

一、教学目标

最终目标：会选择合适的加工中心对箱体零件进行加工。

促成目标：

1）能根据加工对象选择合适的加工中心。

2）会进行加工中心的维护、保养。

二、案例分析

在附图所示 LK32-20011 主轴箱箱体工艺流程中，粗加工完成后，以尺寸为 $110^{+0.04}_{0}$ mm 的底面槽侧面基准 B 和底面基准 A 为精基准定位，可用加工中心来完成其余各面、光孔的精加工及螺纹孔的加工（底面上的光孔及螺纹孔除外）。企业在实际生产中多采用 TH6163 型加工中心。

对于待加工平面间有相互位置公差要求，加工精度要求较高，需采用铣削、镗削及钻削等方法加工的零件，尤其是箱体类非回转体零件，采用加工中心加工在提高效率和保证加工精度上都有较大的优势。

根据主轴箱箱体精加工工序的要求，选择的加工中心应具备以下条件：

1）加工空间的尺寸满足要求。

2）刀具的大小和加工范围能够满足工件的尺寸及技术要求。

3）加工精度、定位精度等满足要求。

本案例选择的设备是卧式镗铣类加工中心，在一次装夹后，可完成侧面铣削、钻孔及镗孔的加工，并可保证各孔之间的同轴度、平行度要求。

加工中心品种繁多，具体的规格型号要根据企业的实际条件、生产规划情况而定。

三、相关知识点

1. 加工中心的特点及分类

加工中心是一种备有刀库并能自动更换刀具对工件进行多工序加工的数控机床，其集铣削、钻削、镗削等加工方法于一体，适合箱体、壳体、模具型腔等非回转体类工件的加工。目前，我国加工中心产品型号的编制方法尚无专门规定。

（1）加工中心的工艺特点

1）加工中心的刀库中存放着多种不同数量的刀具和检具，加工过程中由程序自动选用和交换。一次装夹工件后，可连续对工件表面自动进行钻孔、扩孔、铰孔、镗孔、攻螺纹及铣削等多工步加工，工序高度集中。

2）加工中心一般带有自动分度工作台，一次装夹工件后，可自动完成多个平面或多个角度位置的加工。若带有交换工作台，工件在工作台的工作位置被加工的同时，其他工件在工作台的装卸位置上进行装卸，不影响正常地加工工件。

3）加工中心结构复杂，控制系统功能较多，最少可实现两轴联动控制，以实现刀具运动的直线插补和圆弧插补；多的可实现五轴联动、六轴联动。

4）加工中心具有多种固定循环指令、刀具半径自动补偿、刀具长度自动补偿、刀具破损报警、过载超程自动保护、故障自动诊断及工件加工过程图形显示等功能，扩展了机床的功能，提高了机床的加工效率。

（2）加工中心的结构特点

1）加工中心的组成。加工中心的结构分两大部分：一是主机部分，二是控制部分。

主机部分主要是机械结构部分，包括床身、主轴箱、工作台、底座、立柱、横梁、进给机构、刀库、换刀机构及辅助系统（如润滑系统和冷却系统）等。

控制部分包括硬件部分和软件部分。硬件部分包括计算机数控装置(CNC)、可编程序控制器(PLC)、输入/输出设备、主轴驱动装置和显示装置。软件部分包括系统程序和控制程序。

2）加工中心的特点。

①刚度高、抗振性好，可以满足高自动化、高速度、高精度及高可靠性的加工要求。一般加工中心的刚度比普通机床高。

②在加工中心的进给传动装置中，滚珠丝杠副直接由伺服电动机驱动，省去了齿轮传动机构，传动精度高、速度快，一般速度可达 15m/min，最快可达 100m/min。

③主轴系统结构简单，采用无齿轮箱变速系统，主轴功率大，调速范围宽，并可无级调速。

④导轨采用钢导轨，淬火硬度大于或等于 57HRC，与导轨配合面贴塑，能长期保持导轨的精度。

⑤设置有刀库和换刀机构。这是加工中心与数控铣床和数控镗铣床的主要区别，使加工中心的功能和自动化加工的能力更强了。

⑥数控系统功能较全，不但可对刀具的自动加工进行控制，还可对刀库进行控制和管

理。带有自动交换工作台的加工中心还可以使切削加工和辅助装卸工件同步进行，提高机床的工作效率。随着加工中心控制系统的发展，其智能化的程度越来越高。

（3）加工中心的分类

1）按机床布局分类。

①卧式加工中心。卧式加工中心是指主轴轴线为水平状态设置的加工中心，通常带有可进行分度回转运动的正方形分度工作台。卧式加工中心一般具有 3～5 个自由度，常见的是三个移动自由度（沿 X、Y、Z 轴方向）加一个转动自由度（回转工作台），它能使工件在一次装夹后完成除安装面和顶面以外的其余表面的加工，最适合箱体类零件的加工。

②立式加工中心。立式加工中心是指主轴轴线为垂直状态设置的加工中心。其结构形式多为固定立柱式，工作台为长方形，无分度回转功能，适合加工盘类零件。工作台具有三个移动自由度，并可在工作台上安装数控回转工作台用于加工回转类零件。

③龙门式加工中心。龙门式加工中心的形状与龙门铣床相似，主轴多为垂直设置，带有自动换刀装置及可更换的主轴头附件。数控装置的软件功能也比较齐全，能够一机多用，尤其适于加工大型或形状复杂的工件。

2）按功能特征分类。

①镗铣加工中心，以镗铣为主，适于加工箱体、壳体及各种复杂零件的特殊曲线和曲面轮廓的多工序加工，适于多品种、小批的生产方式。

②钻削加工中心，以钻削为主，刀库形式以转塔头形式为主，适用于中、小型零件的钻孔、扩孔、铰孔、攻螺纹及连续轮廓铣削等多工序加工。

③复合加工中心。复合加工中心主要指五面加工中心，它在工件一次装夹后，能完成除安装底面外的五个面的加工。常见的五面加工中心有两种形式，一种是主轴做 90°或相应角度的旋转，可成为立式加工中心或卧式加工中心；另一种是工作台带着工件做 90°旋转，主轴不改变方向而实现五面加工。图 2-18 所示为一种五面加工中心。

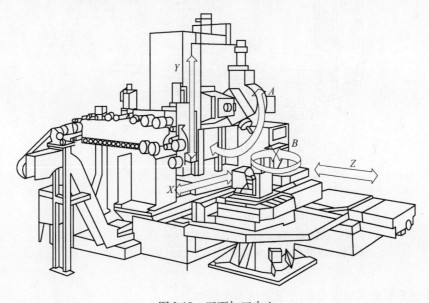

图 2-18 五面加工中心

3）按换刀形式分类。

①带刀库、机械手的加工中心。采用机械手进行刀具交换的方式应用最为广泛，且这种加工中心的结构多种多样。机械手卡爪可同时抓住刀库上所选的刀具和主轴上的刀具，换刀时间短，并且选刀时间与机加工时间重合。

②无机械手的加工中心。这种加工中心的换刀是利用刀库与机床主轴的相对运动实现的，省去了机械手，结构紧凑，但刀库的操作步骤较多。

③转塔头加工中心。在带有旋转刀具的数控机床中，利用转塔的转位更换主轴头是一种比较简单的换刀方式，结构紧凑。因一般主轴数为 6～12 个，所以容纳的刀具数目较少。

2. 加工中心主要技术规格和选择

（1）主要技术规格　图 2-19 所示为 JCS—018A 型立式加工中心。主轴箱 5 沿立柱导轨的移动方向为 Z 轴方向，滑座 9 沿床身 10 导轨的运动方向为 Y 轴方向，工作台 8 沿滑座导轨的纵向运动方向为 X 轴方向。该加工中心带有盘式刀库 4，能储存 16 把刀具，由主轴和刀库之间的换刀机械手 2 实现换刀。X、Y、Z 轴方向进给驱动电动机均为直流伺服电动机，1 为 X 轴的直流伺服电动机。3 是数控柜，7 是驱动电源柜，它们分别位于机床立柱的左右两侧，6 是操作面板。

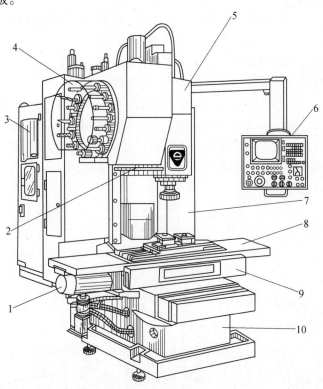

图 2-19　JCS—018A 型立式加工中心外观图

1—伺服电动机　2—换刀机械手　3—数控柜　4—盘式刀库　5—主轴箱
6—操作面板　7—驱动电源柜　8—工作台　9—滑座　10—床身

JCS—018A 型立式加工中心的主要技术参数如下：

1）工作台外形尺寸（工作面）：1200mm×450mm（1000mm×320mm）。

2）工作台 T 形槽宽×槽数：18mm×3mm。

3）工作台左右行程（X 轴）：750mm。

4）工作台前后行程（Y 轴）：400mm。

5）主轴箱上下行程（Z 轴）：470mm。

6）主轴端面到工作台面距离：180～650mm。

7）主轴锥孔：锥度为 7∶24（标准为 BT-45）。

8）主轴转速：22.5～2250r/min。

9）主轴电动机功率：5.5/7.5kW（额定/30min）。

10）X 轴、Y 轴快速移动速度：14m/min。

11）Z 轴快速移动速度：10m/min。

12）进给速度（X 轴、Y 轴、Z 轴）：1～4000mm/min。

13）刀库容量：16 把。

14）选刀方式：任选。

15）最大刀具直径：ϕ100～ϕ300mm。

16）最大刀具质量：8kg。

17）刀库电动机：1.4kW（FANUC—BESK 直流伺服电动机 15 型）。

18）工作台允许负载：500kg。

19）滚珠丝杠尺寸（X 轴、Y 轴及 Z 轴）：ϕ40mm×10mm（螺距）。

20）钻孔能力（一次钻出）：ϕ32mm。

21）攻螺纹能力：M42。

22）铣削能力：110cm^3/min。

23）定位精度：±0.012mm/300mm。

24）重复定位精度：±0.006mm。

25）质量：5000kg。

26）占地面积：3280mm×2300mm。

（2）加工中心规格的选择　任何一台加工中心都有一定的规格范围，有一个最佳的使用范围和功能特点。例如，卧式加工中心适于加工多个表面、需多次更换夹具和工艺基准的零件，如箱体、泵体、阀体及壳体等零件；立式加工中心适于加工需装夹次数较少的零件，如箱盖、盖板、壳体及平面凸轮等单面加工零件。选择机床规格时主要考虑以下几点：

1）工作台大小和坐标行程。若工件为箱体零件，其尺寸为 450mm×450mm×450mm，选择工作台面积为 500mm×500mm 的加工中心就可以了，工作台的尺寸稍大于工件尺寸是考虑安装夹具的空间。个别情况下也有工件尺寸大于坐标行程的，此时，要求零件的加工区域在行程内。工件和夹具的总质量不能大于工作台额定负载，工件运动过程中不能与机床防护罩干涉，刀具交换时不能与工件相撞。

2）坐标数、坐标联动数量。机床坐标数的选择根据加工对象决定。加工中心有 X、Y、Z 绝对坐标，还有 A、B、C 回转坐标和 U、V、W 增量坐标。坐标选择后需向厂家特殊订货。大多数工件可以用两轴半联动的机床来加工，有些工件的加工需要三轴、四轴甚至五轴联动。机床联动功能的冗余是极大的浪费，不仅占用初始投资，而且会给使用、维护及修理带来不必要的麻烦。

3）主轴电动机的功率。主轴电动机的功率代表了机床的切削效率和切削刚度，电动机功率的选择必须满足大直径铣刀盘铣削和粗镗大孔的要求。

3. 主要部件结构

（1）主轴部件　图2-20所示为JCS—018A主轴箱结构简图。主轴前端有7:24锥孔，用于装夹锥柄刀具。端面定向键既作刀具定位用，又可传递转矩。件1为主轴，其前支承处配置了三个高精度的角接触球轴承4，用以承受径向载荷和轴向载荷，前两个轴承大口朝下，后面一个轴承大口朝上。前支承按预加载荷计算的预紧量由螺母5来调整。后支承6为一对小口相对配置的角接触球轴承，它们只承受径向载荷，故轴承外圈不需要定位。该主轴选择的轴承类型和配置形式能满足主轴高转速和轴向载荷较大的要求，主轴受热变形向后伸长，不影响加工精度。

为了实现刀具的自动装卸，主轴内设有刀具自动夹紧装置。从图2-20中可看出，拉紧机构通过拉紧锥柄刀夹尾端的轴颈而实现刀夹的定位及夹紧。拉紧机构主要由拉杆7、拉杆端部的四个钢球3、碟形弹簧8、活塞10及液压缸11等组成。

机床执行换刀指令，机械手要从主轴拔刀，主轴需先松开刀具。这时，液压缸上腔通压力油，活塞推动拉杆7向下移动，压缩碟形弹簧8，钢球进入主轴内孔上端直径较大部位，即可将刀具取出。活塞通孔上端为螺纹孔，可接压缩空气，在刀具取出后，通入压缩空气，将刀具安装锥孔等处的切屑吹净，为装入新刀做好准备。当机械手将新刀插入主轴后，液压缸上腔无油压，在碟形弹簧和弹簧9的恢复力作用下，拉杆、钢球和活塞退回到图2-20所示的位置，钢球在拉杆7前端的作用下向轴心收缩，拉住刀夹柄部。行程开关12、13由活塞控制，发出刀具夹紧和松开信号。

为了保证每次换刀时刀柄上的键槽能对准主轴上的端面键，以及在精镗孔完毕退刀时不会划伤已加工表面，要求主轴能准确地停在指定位置。为满足主轴这一功能而设计的装置称为主轴准停装置或主轴定向装置。JCS—018A机床采用的是电气控制主轴准停，用磁力传感器作为主轴到位的检测元件。如图2-21所示，主轴8的尾部安装有发磁体9，它随主轴转动，在距发磁体外缘1～2mm处，固定

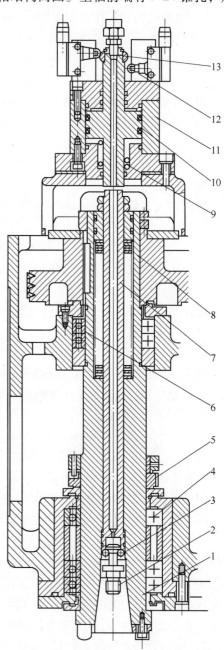

图2-20　JCS—018A 主轴箱结构简图
1—主轴　2—拉紧螺杆　3—钢球
4、6—轴承　5—螺母　7—拉杆
8—碟形弹簧　9—弹簧　10—活塞
11—液压缸　12、13—行程开关

了一个磁传感器10，它经过放大器11与主轴伺服单元3连接。主轴定向的指令发出后，主轴便处于定向状态，当发磁体上的判别孔对准磁传感器上的基准槽时，主轴立即停止转动。

（2）自动换刀装置　加工中心有立式、卧式及龙门式等多种形式，其自动换刀装置的形式也是多种多样的，换刀的原理及结构的复杂程度也不同，除利用刀库进行换刀外，还有自动更换主轴箱、自动更换刀库等形式。

1）刀库的形式。刀库的形式很多，结构也各不相同，加工中心最常用的刀库有鼓轮式刀库和链式刀库。

鼓轮式刀库的结构紧凑、简单，在钻削加工中心上应用较多，一般存放的刀具不超过32把。图2-22所示为刀具轴线与鼓轮轴线平行布置的刀库，其中图2-22a所示为径向取刀形式，图2-22b所示为轴向取刀形式。

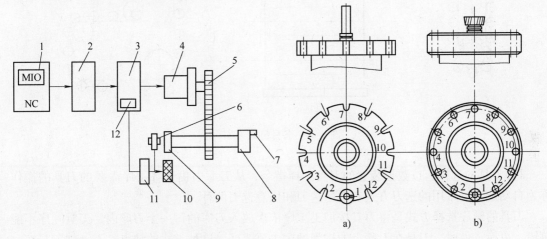

图 2-21　主轴准停装置原理图
1—主轴定向指令　2—强电时序电路　3—主轴
伺服单元　4—主轴电动机　5—同步带　6—位置
控制回路　7—主轴端面键　8—主轴　9—发磁体
10—磁传感器　11—放大器　12—定向电路

图 2-22　鼓轮式刀库之一

图2-23所示为刀具径向安装在刀库上，图2-23a所示为和刀具轴线与鼓轮轴线成一定角度布置的结构，由图2-23b可知其占用的面积较大。

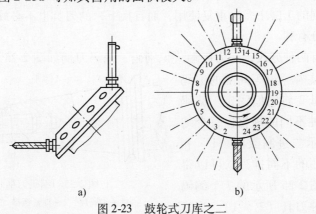

图 2-23　鼓轮式刀库之二

　　链式刀库是在环形链条上装有许多刀座，在刀座的孔中装夹各种刀具，链条由链轮驱动。链式刀库适用于刀库容量较大的场合，且多为轴向取刀。链式刀库包括单环链式和多环链式，如图 2-24a、b 所示。当链条较长时，可以增加支承链轮的数目，使链条折叠回绕，提高空间利用率，如图 2-24c 所示。

　　除此之外，常见的刀库还有格子箱式刀库、直线式刀库及多盘式刀库等。

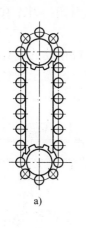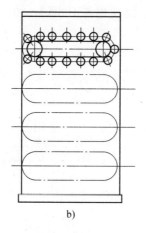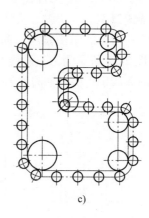

a)　　　　　　　　　　　　　b)　　　　　　　　　　　　c)

图 2-24　各种链式刀库

　　2）刀具的选择。按数控装置的刀具选择指令，从刀库中挑选各工序需要的刀具的操作称为自动选刀。常用的选刀方式有顺序选刀和任意选刀两种。

　　刀具的顺序选择方式是将刀具按加工工序依次放入刀库的每一个刀座内，刀具顺序不能搞错。更换工件时，刀具在刀库上的排列顺序也要改变。这种方式的缺点是，一把刀具在一个工件上不能重复使用，因此刀具的数量增加，降低了刀具和刀库的利用率，但其控制方法及刀库运动路线比较简单。

　　任意选刀方式是预先把刀库中每把刀具（或刀座）都编上代码，按照编码选刀，刀具在刀库中不必按工件的加工顺序排列。任意选刀包括四种方式：刀具编码方式、刀座编码方式、编码附件方式及计算机记忆方式。刀具编码选择方式采用了一种特殊的刀柄结构，并对每把刀具进行编码。换刀时通过编码识别装置，根据换刀指令代码，在刀库中找出需要的刀具。由于每一把刀具都有自己的代码，所以刀具可以放入刀库的任何一个刀座内，不仅刀库中的刀具可以在不同的工序中多次重复使用，而且换下来的刀具也不必放回原来的刀座，这对装刀和选刀都十分有利。

　　刀具编码识别有两种方式，一为接触式识别码，编码刀柄如图 2-25 所示。在刀柄尾部的拉紧螺杆 3 上套装着一组等间隔的编码环 1，并由锁紧螺母 2 将它们固定。编码环的外径有大小两种不同的规格，每个编码环的大小分别表示二进制数的"1"和"0"。通过两种圆环的不同排列，可以得到一系列的代码。图 2-25 所示的 7 个编码环能够区别出 127 种刀具（$2^7 - 1$）。当刀

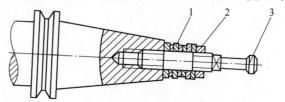

图 2-25　编码刀柄示意图
1—编码环　2—锁紧螺母　3—拉紧螺杆

库中带有编码环的刀具依次通过识别装置时，编码环的大小就能使相应的触针读出每一把刀具的代码。如果读出的代码与穿孔带上选择刀具的代码一致，则系统发出信号使刀库停止回转，需要的刀具就准确地停留在取刀位置上，然后由机械手从刀库中将刀具取出。接触式编码识别装置的结构简单，但可靠性较差，寿命较短，而且不能快速选刀。

非接触式刀具识别采用磁性或光电识别方法。

磁性识别方法是利用磁性材料和非磁性材料磁感应的强弱不同，通过感应线圈读取代码。编码环分别由软钢和黄铜（或塑料）制成，前者代表"1"，后者代表"0"，将它们按规定的编码排列。当编码环通过线圈时，只有对应于软钢圆环的那些绕组才能感应出高电位，而其余绕组则输出低电位，然后通过识别电路选出需要的刀具。磁性识别装置没有机械接触和磨损，可以快速选刀，而且具有结构简单、工作可靠、寿命长等优点。

光电识别方法的原理如图 2-26 所示。链式刀库带着刀座 1 和刀具 2 依次经过刀具识别位置 I，在此位置上安装了投光器 3，通过光学系统将刀具的外形及编码环投影到由无数光敏元件组成的屏板 5 上形成了刀具图样。装刀时，屏板 5 将每一把刀具的图样转换成对应的脉冲信息，经过处理将代表每一把刀具的"信息图形"记入存储器。选刀时，当某一把刀具在识别位置出现的"信息图形"与存储器内指定刀具的"信息图形"一致时，系统便发出信号，使该刀具停在换刀位置 II 处，由机械手 4 将刀具取出。这种识别

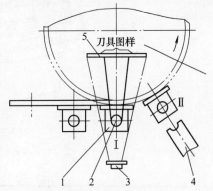

图 2-26　光电识别方法
1—刀座　2—刀具　3—投光器
4—机械手　5—屏板

系统不但能识别编码，还能识别图样，可以给刀具的管理带来方便。

刀座编码是对刀库各刀座预先编码，每把刀具放入相应刀座之后，就具有了相应刀座的编码，即刀具在刀库中的位置是固定的。编程时，要指出哪一把刀具放在哪个刀座上。值得注意的是，在这种编码方式中，必须将用过的刀具放回原来的刀座内，不然会造成事故。由于这种编码方式取消了刀柄中的编码环，使刀柄结构大大简化，刀具识别装置的结构不受刀柄尺寸的限制，可放置在较为合理的位置。刀具在加工过程中可重复多次使用；它的缺点是，必须把用过的刀具放回原来的刀座。

目前，应用最多的是计算机记忆式选刀。这种方式的特点是，刀具号和存刀位置或刀座号（地址）对应地记忆在计算机的存储器或可编程序控制器的存储器内。不论刀具存放在哪个地址，系统都始终记忆着它的踪迹，刀具可以任意取出，任意送回。刀具本身不必设置编码元件，结构大为简化，控制也十分简单，计算机控制的机床几乎全部采用这种方式选刀，在刀库上设有机械原点，每次选刀运动正反向都不会超过 180° 的范围。

3）刀具交换装置。数控机床的自动换刀装置中，实现刀库与机床主轴之间传递、装卸刀具的装置称为刀具交换装置。刀具的交换方式通常分为无机械手换刀和有机械手换刀两大类。

① 无机械手换刀。无机械手换刀方式是利用刀库与机床主轴的相对运动实现刀具交换。XH754 型卧式加工中心就是采用这类刀具交换装置的，如图 2-27 所示。该机床主轴 2 在立柱上可沿 Y 方向上下移动，工作台 1 横向运动方向为 Z 轴方向，纵向移动方向为 X 轴方向。鼓轮式刀库 3 位于机床顶部，有 30 个装刀位置，可装 29 把刀具。换刀过程如图 2-28 所示。

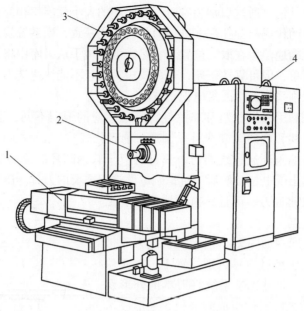

图 2-27　XH754 型卧式加工中心
1—工作台　2—主轴　3—鼓式刀库　4—数控柜

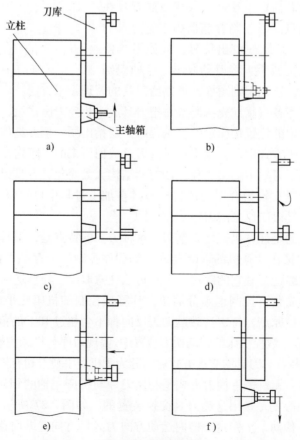

图 2-28　换刀过程

图 2-28a 中，本工步工作结束后执行换刀指令，主轴准停，主轴箱沿 Y 轴上升。此时刀库上刀位的空档位置正好处在交换位置，装夹刀具的卡爪打开。

图 2-28b 中，主轴箱上升到极限位置，被更换的刀具刀杆进入刀库空刀位，即被刀具定位卡爪钳住。与此同时，主轴内刀杆自动夹紧装置放松刀具。

图 2-28c 中，刀库伸出，从主轴锥孔中将刀具拔出。

图 2-28d 中，刀库转位，按照程序指令要求将需要的刀具转到最下面的位置。同时，压缩空气将主轴锥孔吹净。

图 2-28e 中，刀库退回，同时将新刀具插入主轴锥孔内。主轴内刀具夹紧装置将刀杆拉紧。

图 2-28f 中，主轴下降到加工位置后起动，开始下一工步的加工。

在刀库转位机构中，伺服电动机通过消隙齿轮 1、2 带动蜗杆 3，通过蜗轮 4 使刀库转动（见图 2-29）。蜗杆为右旋双头蜗杆，可以用轴向移动的方法来调整蜗杆副的间隙。压盖 5 内孔螺纹与套 6 相配合，转动套 6 即可调整蜗杆的轴向位置，也就调整了蜗杆副的间隙，调整好以后用螺母 7 锁紧。刀库的最大转角为 180°，根据所换刀具的位置决定正转或反转，由控制系统自动判别，以使找刀路径最短。转角大小由位置控制系统控制进行粗定位，最后由定位销精确定位。

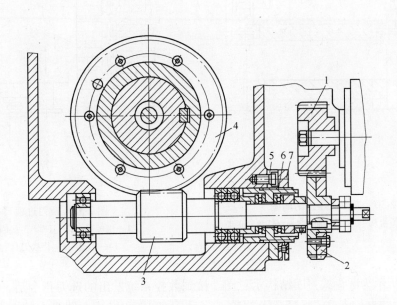

图 2-29　换刀过程
1、2—齿轮　3—蜗杆　4—蜗轮　5—压盖　6—套　7—螺母

刀库及转位机构在同一个箱体内，由液压缸来移动。图 2-30 的示为刀库液压缸结构图。

在这种刀库中，每把刀具的位置是固定的，从哪个刀位取下的刀具，用完后仍然要送回到原刀位处。

无机械手换刀机构不需要机械手，结构简单、紧凑。由于交换刀具时机床不工作，所以不会影响加工精度，但会影响机床的生产率。另外，由于刀库尺寸限制，装刀数量不能太多。这种换刀方式常用于小型加工中心。

②机械手换刀。采用机械手进行刀具交换的方式应用得最为广泛，这是因为机械手换刀有很大的灵活性，而且可以减少换刀时间。机械手的结构形式是多种多样的，换刀运动也有所不同。下面以 JCS—018A 型加工中心为例说明机械手换刀的工作原理。

该加工中心的刀库位于立柱左侧，刀具在刀库中的安装方向与主轴垂直，如图 2-31 所示。换刀前，刀库 2 转动将待换刀具 5 的刀套 4 向下翻转 90°，使得刀具轴线与主轴轴线平行。随后，机械手 1 动作，顺时针方向转 75°，同时抓住主轴和刀库上的刀具。这时主轴刀杆夹紧装置松开，机械手下降，拔出刀具，转位 180°交换刀具，再上升，反转 75°复位。

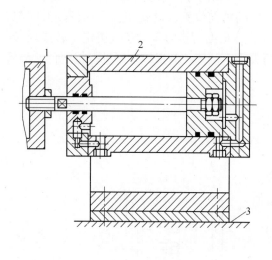

图 2-30　刀库液压缸结构图
1—刀库和转位机构　2—液压缸　3—立柱顶部平面

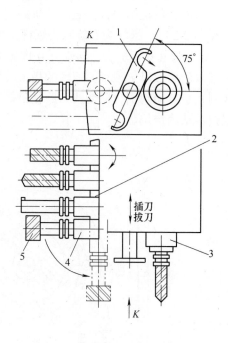

图 2-31　换刀过程
1—机械手　2—刀库　3—主轴
4—刀套　5—待换刀具

图 2-32 所示为圆盘式刀库结构示意图。接到数控系统发出的选刀指令后，直流伺服电动机 1 经过滑块联轴器 2、蜗杆 3 及蜗轮 4 带动圆盘 12 和安装在圆盘上的 16 个刀套旋转（图中只画出一个刀套）。待刀具到达换刀位置，使刀具向下转到与主轴平行的动作由气缸 5 来完成。待换刀具所在刀套的尾部有一辊子 10，在拨叉 8 的槽内，当活塞杆带动拨叉上升时，放开行程开关 7，断开相关电路防止误动作，并使得刀套 11 逆时针方向转 90°，刀头朝下，刀具轴线与主轴平行。其位置由挡标 9 来调整。刀套转 90°后，拨叉 8 上行到终点，压住行程开关 6，发信号使机械手动作。如图 2-33 所示，刀套 1 内锥孔尾部有两个球头销钉 3，后面有弹簧，可以夹住刀具，使它不至落下。刀套顶部的滚子 2 则是用来在水平位置时支承刀套。

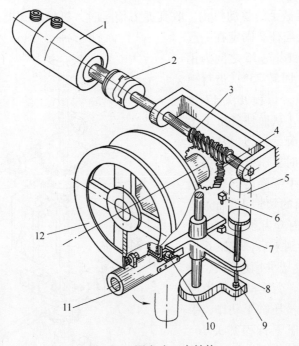

图 2-32　圆盘式刀库结构

1—直流伺服电动机　2—滑块联轴器　3—蜗杆　4—蜗轮　5—气缸

6、7—行程开关　8—拨叉　9—挡标　10—辊子　11—刀套　12—圆盘

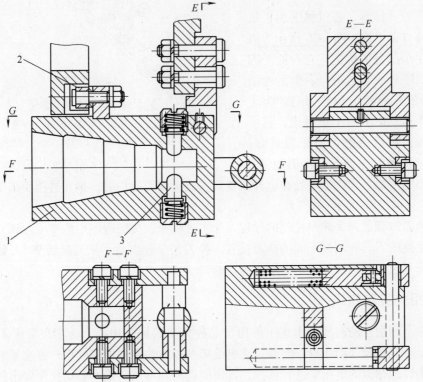

图 2-33　刀套

1—刀套　2—滚子　3—球头销钉

图 2-34 所示为机械手的驱动机构。收到抓刀信号时，机械手在上面位置。液压缸 4 通过齿条 3、齿轮 15 及与杆 2 固定在一起的传动盘 14（盘 14 和齿轮 15 之间为销钉联接）带动手臂 7 回转 75°，进行抓刀。抓刀动作结束后，行程开关 17 被压下，发出拔刀信号，从而使气缸 1 上端进气，推动杆 2 下降，拔刀。杆 2 连同机械手下降到终点时，压行程开关发出换刀信号。在机械手下降的同时，盘 14 也下降并将下端面的短销 13 插入齿轮 10 端面上的销孔内。齿条 5 与齿轮 10 相啮合，换刀信号到来后，气缸 6 推动齿条 5，经齿轮 10、盘 14 使机械手臂 7 转 180°，交换刀具。交换动作结束后压下行程开关 12，使液压缸 4 动作，手臂 7 反转 75° 复位，压下行程开关 16，使气缸 1 复位。压下开关 9 使气缸 6 复位，压下开关 11 发信号使机床开始加工。

为防止刀具掉落，各机械手的手爪都必须带有自锁机构。图 2-35 所示为机械手臂和手爪部分的构造，它有两个固定手爪 5，每个手爪上还有一个活动销 4，抓刀后依靠弹簧 1 顶住刀具。为了保证机械手运动时刀具不被甩出，有一个锁紧销 2，当活动销 4 顶住刀具时，锁紧销 2 就被弹簧 3 弹起，将活动销 4

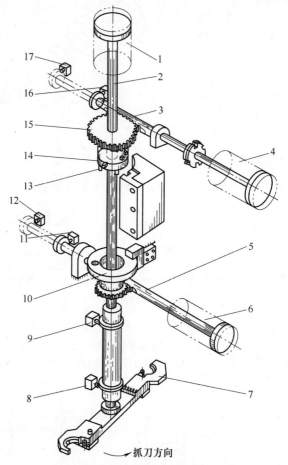

图 2-34　机械手传动系统
1、6—气缸　2—杆　3、5—齿条　4—液压缸
7—手臂　8、9、11、12、16、17—行程开关
10、15—齿轮　13—短销　14—盘

锁住，再不能后退。当机械手处在上升位置要完成插拔刀动作时，销 6 被挡块压下使锁紧销 2 也退下，故可以自由地抓放刀具。

整个换刀过程是一个顺序控制的过程。加工过程中，按照程序中的 T（刀具）指令，刀库将等待更换的刀具转到最下面的换刀位置。换刀指令发出后，从刀具转 90° 开始，一直到机械手上升复位，都是按照规定的顺序进行的。

四、相关实践知识

为适应不同用户的需要，市场上推出了品种繁多的加工中心，为用户带来了极大的方便，特别是专业性较强的用户。然而，这也给那些专业性并不很强的用户带来了麻烦，他们必须在基本性能相似的机床中进行选择，以便能选购到可以满足本公司使用要求且廉价的加工中心。通常，用户在选购加工中心之前，首先要从经济和技术两方面对其进行评价。

所谓经济评价主要是指机床的价格，所需配购的附件的价格和售后服务费用等。

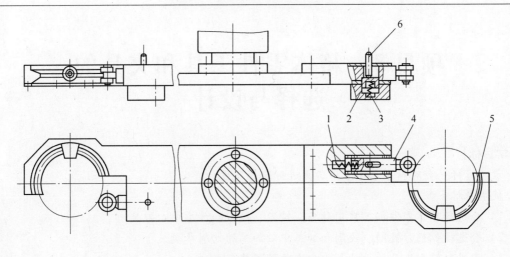

图 2-35　机械手臂和手爪

1、3—弹簧　2—锁紧销　4—活动销　5—手爪　6—销

技术评价是对加工中心的技术性能做全面评价。只有充分掌握某种型号加工中心的技术性能，才能对它的成本性能作出较准确的评价。通常，对加工中心进行的技术评价包括以下几个方面：

1）规格。包括加工空间的尺寸、主轴转速范围、进给速度范围、刀具的范围、数控装置的功能和附件的种类等。

2）性能。包括静态精度、加工精度、移动精度、定位精度、热变形状况和抗振动性能等。

3）其他，如系统的适应性，维修保养是否方便，技术支持体制，以及安全性能等。

五、思考与练习

1. 加工中心的结构有哪些特点？按功能特征分，加工中心有哪几种类型，哪种较适于箱体零件的加工？

2. 加工中心由哪几部分组成？各有什么作用？

3. 加工中心与一般数控机床有何不同？加工中心是如何实现自动换刀的？

项目 3　箱体零件工具和夹具的选择与设计

【教学目标】

最终目标：会对箱体零件专用工具进行选择及设计。

促成目标：

1）会选择箱体零件加工常用钻头、镗刀、铰刀和加工中心刀具。

2）会选择钻削、镗削、铰削和加工中心加工的切削参数。

3）能进行镗削夹具的设计和组合夹具的搭建。

模块 1　钻削与钻削刀具的选用

一、教学目标

最终目标：会选择箱体零件加工常用的钻削刀具。

促成目标：

1）熟悉常用的钻削刀具。

2）会选择钻削加工的切削参数。

二、案例分析

钻削是用钻头在工件上加工孔的一种加工方法。钻削加工时最常用的刀具为麻花钻头，此外还有扁钻、深孔钻及中心钻等。钻削得到的孔精度低，表面粗糙度值大（其加工精度见表 3-1）。钻削孔的直径一般不超过 75mm，对于孔径超过 35mm 的孔，应分两次钻削，第一次钻削孔的直径为第二次的 50%~70%，以减小切削力，提高钻头的刚度和强度。

用扩孔刀具对已钻出、铸出或锻出的孔进行加工的方法称扩削。扩削常用的刀具有麻花钻、扩孔钻等，小批生产常用麻花钻加工。扩削时的背吃刀量较小，排屑容易，能纠正孔的轴线歪斜。孔的扩削加工常作为精加工前的预加工，也可作为低精度孔的终加工。扩削的精度与表面粗糙度值见表 3-1。

选用钻削刀具时，应主要考虑工件材料、加工设备、孔径及精度等因素。

如附图所示，主轴箱体前侧面 $\phi25^{+0.033}_{0}$ mm 孔在加工时，钻削、扩削及铰削的切削用量计算如下：

因该孔尺寸较小，铸造时不铸出毛坯孔，加工时采用钻削—扩削—铰削的方法。查表 1-10，先选用 $\phi23$ mm 的麻花钻钻孔，再选用 $\phi24.8$ mm 的扩孔钻扩孔，然后用高速钢机用铰刀粗铰孔至 $\phi24.94$ mm，最后选用 $\phi25$H8 的高速钢机用铰刀铰孔达到图样要求。

1）钻孔至 $\phi23$ mm 时的切削用量。根据式（3-4）得 $f = 0.23 \sim 0.46$ mm/r，合理修磨时 $f = 0.69$ mm/r。查表 3-7 得 $f = 0.47 \sim 0.57$ mm/r。参照 T619 镗床的技术参数，查表 2-6，确定

$f = 0.52$mm/r。

查表 3-4，得 $v = 20 \sim 25$m/min。查 GB/T 9439—2010 得材料 HT250 铸件的壁厚为 20mm 时，$R_m \geqslant 205$MPa，取 RH 值为 1，得硬度为 188 ~ 196HBW。查表 3-8，取 $v = 0.43$m/s = 25.8m/min。

$$n = \frac{v \times 1000}{\pi d} = \frac{25.8 \times 1000}{\pi \times 23} \text{r/min} = 357.2 \text{r/min}$$

查表 2-5 取 $n = 315$ r/min，实际的切削速度为

$$v = \frac{n \pi d}{1000} = \frac{315 \times \pi \times 23}{1000} \text{m/min} = 22.8 \text{m/min}$$

2）钻扩至 $\phi 24.8$mm 时的切削用量。查表 3-9，得 $f = 1.0 \sim 1.2$mm/r，再查表 2-6，选 $f = 1.03$ mm/r。查表 3-10，得 $v = 0.34$ m/s = 20.4 m/min。

$$n = \frac{v \times 1000}{\pi d} = \frac{20.4 \times 1000}{\pi \times 24.8} \text{r/min} = 262 \text{r/min}$$

查表 2-5，取 $n = 250$r/min，实际的切削速度为

$$v = \frac{n \pi d}{1000} = \frac{250 \times \pi \times 24.8}{1000} \text{m/min} = 19.5 \text{ m/min}$$

3）粗铰至 $\phi 24.94$mm 时的切削用量。查表 3-18，得 $f = 1.3 \sim 2.6$mm/r，查表 3-20、表 2-5，取 $f = 1.8$mm/r，$v = 7.83$m/min，$n = 100$ r/min。

4）精铰到 $\phi 25$H8 时的切削用量。查表 3-18，得 $f = 1.3 \sim 2.6$mm/r，查表 3-21、表 2-5，取 $f = 1.3$mm/r，$v = 7.85$m/min，$n = 100$ r/min。

三、相关知识点

1. 孔的加工方法和加工精度

孔的加工方法和加工精度见表 3-1。

表 3-1 孔的加工方法和加工精度

加工方法	加工情况	加工经济精度（IT）	表面粗糙度 $Ra/\mu m$
钻削	$\phi 15$mm 以下	11 ~ 13	6.3 ~ 100
	$\phi 15$mm 以上	10 ~ 12	25 ~ 100
扩削	粗扩	12 ~ 13	6.3 ~ 25
	一次扩孔（铸孔或冲孔）	11 ~ 13	12.5 ~ 50
	精扩	9 ~ 11	1.6 ~ 12.5
铰削	半精铰	8 ~ 9	1.6 ~ 12.5
	精铰	6 ~ 7	0.4 ~ 6.3
	手铰	5	0.1 ~ 1.6
拉削	粗拉	9 ~ 10	1.6 ~ 12.5
	一次拉孔（铸孔或冲孔）	10 ~ 11	0.4 ~ 6.3
	精拉	7 ~ 9	0.1 ~ 1.6
推削	半精推	6 ~ 8	0.4 ~ 1.6
	精推	6	0.1 ~ 0.4

（续）

加工方法	加工情况	加工经济精度（IT）	表面粗糙度 $Ra/\mu m$
镗削	粗镗	12 ~ 13	6.3 ~ 25
	半精镗	10 ~ 11	3.2 ~ 12.5
	精镗（浮动镗）	7 ~ 9	0.8 ~ 6.3
	金刚镗	5 ~ 7	0.2 ~ 1.6
内磨	粗磨	9 ~ 11	1.6 ~ 12.5
	半精磨	9 ~ 10	0.4 ~ 1.6
	精磨	7 ~ 8	0.1 ~ 0.8
	精密磨（精修砂轮）	6 ~ 7	0.05 ~ 0.4
珩削	粗珩	5 ~ 7	0.2 ~ 1.6
	精珩	5	0.05 ~ 0.4
研磨	粗研	5 ~ 6	0.2 ~ 0.8
	精研	5	0.05 ~ 0.4
	精密研	5	0.012 ~ 0.1
挤	滚珠、滚柱扩孔器、挤压头	6 ~ 8	0.012 ~ 1.6

2. 常用的钻削加工刀具

常用孔的钻削加工刀具见表 3-2。

表 3-2　常用的钻削加工刀具

名称	直径/mm	简　　图	应用范围与特点
高速钢麻花钻	直柄：0.2 ~ 40.0	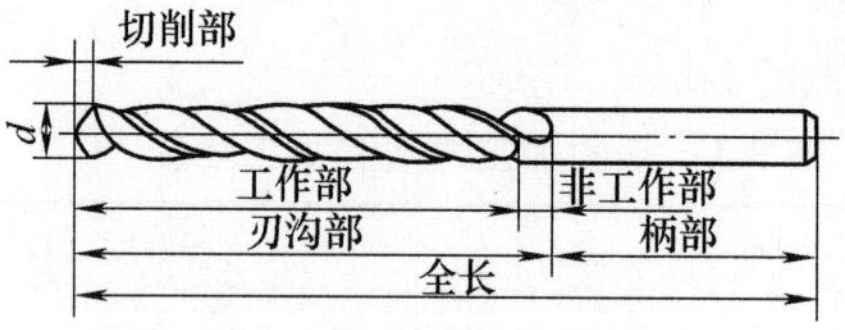	小直径的钻头用钻夹头装夹，大直径以莫氏锥度连接机床主轴，在各机床上用钻模或不用钻模切削
	锥柄：3.0 ~ 100.0	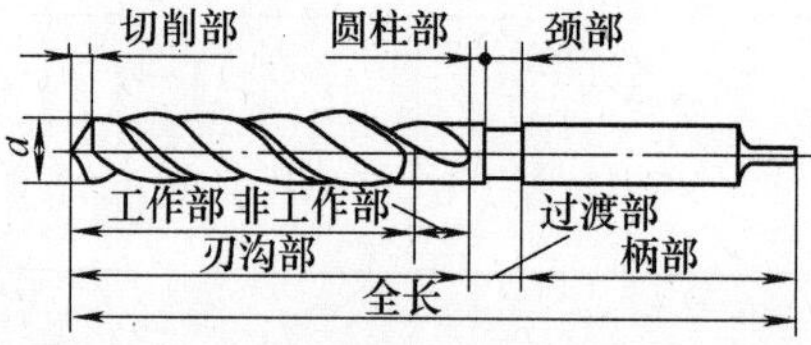	
硬质合金麻花钻	整体式：0.3 ~ 10.0	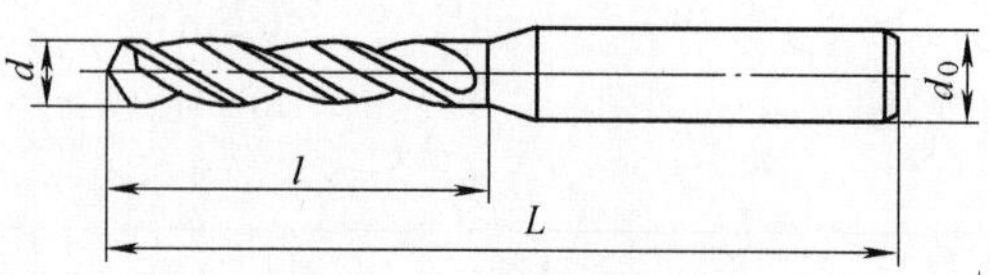	硬质合金麻花钻用于加工脆性材料，如铸铁、绝缘材料及玻璃等。切削效率高，刀具寿命长。小直径钻头钻削印制电路板效果尤好。但钻削钢件时易振动，切削部分易崩刃

（续）

名称	直径/mm	简图	应用范围与特点
硬质合金麻花钻	镶片式：12.0～30.0		硬质合金麻花钻用于加工脆性材料，如铸铁、绝缘材料及玻璃等。切削效率高，刀具寿命长。小直径钻头钻削印制电路板效果尤好。但钻削钢件时易振动，切削部分易崩刃
高速钢扁钻或硬质合金扁钻	整体式：<12.0		扁钻制造简单，刚度好。整体式扁钻适用于加工有色金属阶梯孔；装配式扁钻用于 φ25～φ150mm 尺寸范围钻孔和扩孔，刀片可用高速工具钢和硬质合金，钻后孔的直线度好
	装配式：25.0～150.0		

3. 扩削加工常用的刀具

扩削加工常用的刀具见表 3-3。

表 3-3 扩削加工常用的刀具

名称	直径/mm	简图	应用范围与特点
高速工具钢	整体式直柄 3.0～19.7		为节约昂贵的高速工具钢，直径大于 40mm 的制成镶片式。加工铸铁或非铁金属时直径大于 14mm 的制成硬质合金镶片式扩孔钻。在小批生产时，经常采用麻花钻经修磨钻尖的几何形状当扩孔钻用
	整体式锥柄 7.8～50.0		
	套装式 25.0～100.0		

（续）

名称	直径/mm	简　图	应用范围与特点
整体式直柄	3.0 ~ 19.7		
整体式锥柄	7.8 ~ 50.0		硬质合金的扩孔钻主要用于加工铸铁和非铁金属件。直径大于14mm 的扩孔钻用焊接刀片结构，直径大于 40mm 的扩孔钻采用镶齿式结构 扩孔钻要考虑刃倾角与排屑方向的关系，尤其是硬质合金扩孔钻
套装式	25.0 ~ 100.0	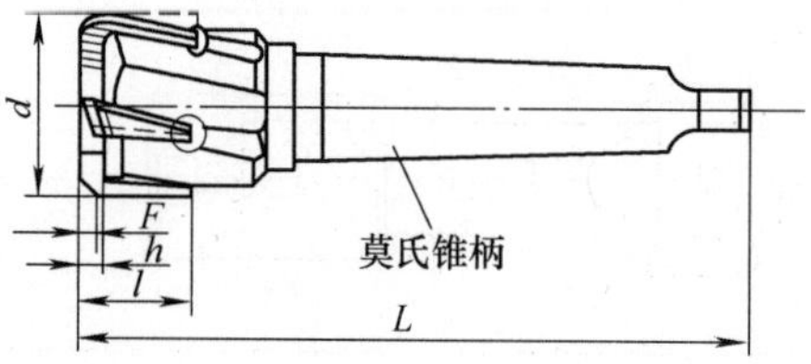	

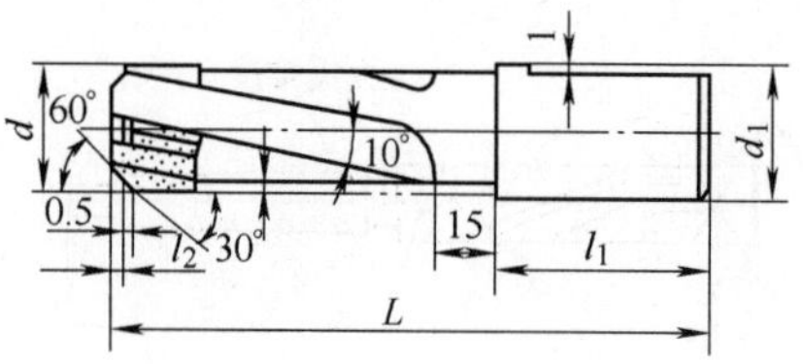

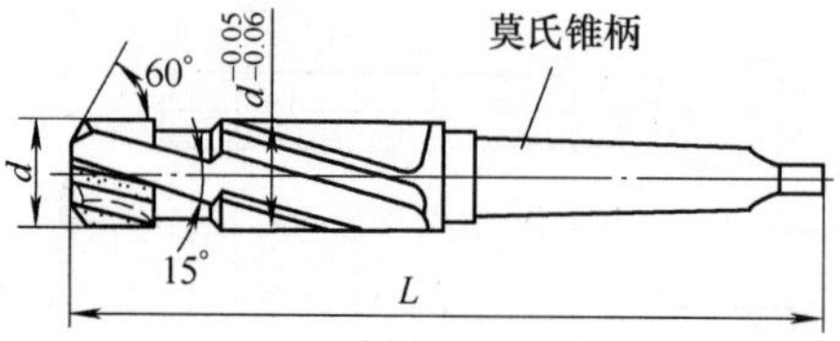

注：左侧合并单元格标注"硬质合金"。

4. 麻花钻的结构要素

钻削加工中最常用的刀具为麻花钻，它是一种粗加工刀具，其常用规格为 $\phi0.1 \sim \phi80\text{mm}$。按柄部形状分为直柄麻花钻和锥柄麻花钻；按制造材料分为高速钢麻花钻和硬质合金麻花钻。硬质合金麻花钻一般制成镶片焊接式，直径 5mm 以下的硬质合金麻花钻通常制成整体式。

图 3-1a、c 所示为麻花钻的结构图，它由工作部分、柄部和颈部组成。

（1）工作部分　麻花钻的工作部分分为切削部分和导向部分。

1）切削部分。如图 3-1b 所示，切削部分担负主要的切削工作，包含以下结构：

①前面：毗邻切削刃，是起排屑和容屑作用的螺旋槽表面。

②后面：位于工作部分前端，与工件已加工表面（即孔底的锥面）相对的面，其形状由刃磨方法决定，在麻花钻上一般为螺旋圆锥面。

③主切削刃：前面与后面的交线。由于麻花钻前面和后面各有两个，所以主切削刃也有两条。

④横刃：两个后面相交所形成的切削刃。它位于切削部分的最前端，切削被加工孔的中心部分。

⑤副切削刃：麻花钻前端外圆柱面与螺旋槽面的交线。显然，麻花钻上有两条副切削刃。

⑥刀尖：两条主切削刃与副切削刃相交的交点。

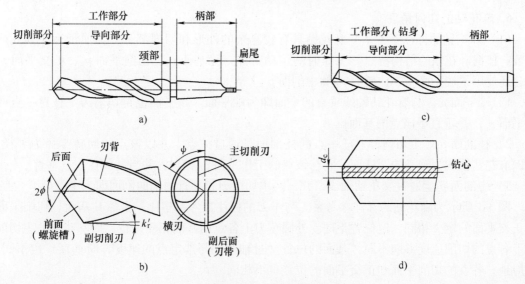

图 3-1 麻花钻的结构

2）导向部分。导向部分用于钻头在钻削过程中的导向，并作为切削部分的后备部分。导向部分包含刃沟、刃瓣及刃带。刃带是其外圆柱面上两条螺旋形的棱边，控制孔的廓形和直径，保持钻头进给方向。为减少刃带与已加工孔壁之间的摩擦，一般将麻花钻的直径沿锥柄方向做成逐渐减小的锥度，形成倒锥，相当于副切削刃的副偏角。

（2）柄部　柄部用于装夹钻头和传递动力。钻头直径小于 13mm 时，通常做成直柄（圆柱柄），如图 3-1c 所示；直径在 13mm 以上时，做成莫氏锥度的圆锥柄，如图 3-1a 所示。

（3）颈部　颈部是柄部与工作部分的连接部分，可作为磨外径时砂轮退刀和打印标记区域。小直径的钻头不做出颈部。

5. 麻花钻的结构参数

（1）螺旋角 β　钻头刃带棱边螺旋线展开成直线后与钻头轴线的夹角即为螺旋角，它相当于副切削刃的刃倾角，如图 3-2 所示。

$$\tan\beta = \pi D / P \tag{3-1}$$

式中　P——螺旋槽导程；

$\quad\quad D$——钻头外径。

麻花钻的螺旋角一般为 25°～32°。增大螺旋角有利于排屑，能获得较大前角，使切削轻快，但钻头刚度变差。小直径钻头，为提高钻头刚度，螺旋角 β 可取小些。钻软材料、铝合金时，为改善排屑效果，β 可取大些。图 3-2 所示的 β_X 为切削刃上 X 点的螺旋角，r_X 为该点到中心的距离。

（2）直径 D　麻花钻的直径是钻头两刃带之间的垂直距离，其大小按标准尺寸系列和螺纹孔的底孔直径设计。

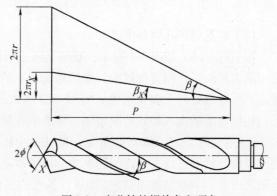

图 3-2 麻花钻的螺旋角和顶角

6. 麻花钻的几何角度

（1）麻花钻的标注参考系　麻花钻具有较复杂的外形和切削部分，为便于标注其几何参数，依据麻花钻的结构特点和工作时的运动特点，除基面 p_r、切削平面 p_s、正交平面 p_o 外，还使用了端平面 p_t、柱剖面 p_z 和中剖面 p_c。

1）端平面 p_t。与麻花钻轴线垂直的平面即为端平面。该平面也是切削刃上任意一点的背平面 p_p，并垂直于该点的基面。

2）柱剖面 p_z。主切削刃上任一点的柱剖面是通过该点，并以该点的回转半径为半径，且以麻花钻轴线为轴心的圆柱面。它与该点的工作平面 p_f 相切，并与基面在该点垂直。

3）中剖面 p_c。通过麻花钻轴线，并与两主切削刃相平行的轴向剖面即为中剖面。

图 3-3 所示为麻花钻的标注参考系。与车刀的标注参考系相比，虽然其基面、切削平面及正交平面的定义相同，但位置不同。外圆车刀上各点的基面相互平行，而麻花钻的主切削刃上各点的切削速度方向不同，基面的位置（过轴线并与选定点的速度方向垂直）也不同。相应地，各点的切削平面和正交平面的位置也不相同。

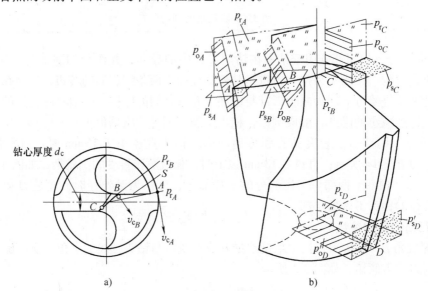

图 3-3　麻花钻的标注参考系

a）切削刃上各点基面变化　b）正交平面参考系

（2）麻花钻的几何角度

1）顶角 2ϕ。如图 3-4 所示，顶角是两主切削刃在中剖面内投影的夹角。顶角越小，则主切削刃越长，切削宽度越大，单位切削刃上的负荷越小，轴向力越小，这对钻头轴向稳定性有利。外圆处的刀尖角增大，有利于散热和提高刀具寿命。但顶角减小会使钻尖强度减弱，切削变形增大，导致转矩增加。标准麻花钻的顶角 2ϕ 约为 118°。

2）主偏角 κ_r 和端面刃倾角 λ_t。麻花钻主切削刃上选定点的主偏角是在该点基面上主切削刃投影与钻削进给方向之间的夹角。由于麻花钻主切削刃上各点基面不同，各点的主偏角也随之改变。麻花钻磨出顶角 2ϕ 后，各点的主偏角也就确定了，如图 3-4 所示。它们之间的关系为

$$\tan\kappa_r = \tan\phi\cos\lambda_t \tag{3-2}$$

式中，λ_t 为选定点的端面刃倾角，它是主切削刃在端面中的投影与该点的基面之间的夹角。

由于切削刃上各点的刃倾角绝对值从外缘到钻心逐渐变大，所以切削刃上各点的主偏角 κ_r 也是外缘处大，钻心处小。

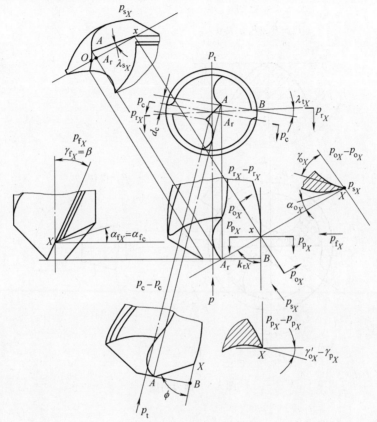

图 3-4　麻花钻的几何角度

3）前角 γ_o。在正交平面 p_{o_X} 内前面和基面间的夹角即为前角，如图 3-4 所示。主切削刃上任一选定点的前角 γ_{o_X} 与该点的螺旋角 β_X、主偏角 κ_{r_X} 及刃倾角 λ_{t_X} 的关系为

$$\tan\gamma_{o_X} = \tan\beta_X / \sin\kappa_{r_X} + \tan\lambda_{t_X}\cos\kappa_{r_X} \tag{3-3}$$

由式（3-3）可知，随着 β_X 从外径向钻心逐渐减小，λ_{t_X} 也逐渐减小（负值增大），在 κ_{r_X} 一定时，前角 γ_{o_X} 变小，约由 +30° 减小到 -30°，靠近钻头中心处的切削条件很差。

4）后角 α_f。麻花钻主切削刃上选定点的后角，用柱剖面中的轴向后角 α_f（相当于假定工作面内的后角）来表示，如图 3-4 所示。后角在一定程度上反映了钻头做圆周运动时，后面与孔底加工表面之间的摩擦情况，也能直接反映出进给量对后角的影响，同时，α_f 角也便于测量。

钻头后角是通过刃磨得到的。刃磨时，要注意使其外缘处的后角磨得小些（约8°~10°），靠近钻心处磨得大些（约20°~25°）。这样可以与切削刃上各点前角的变化相适应，使各点的楔角大致相等，散热体积基本一致，从而使锋利程度、强度及寿命达到相对平衡，

又能弥补由于钻头轴向进给运动使切削刃上各点实际工作后角减少而产生的影响，同时还可改善横刃的工作条件。钻头的名义后角是指外圆处的后角。

　　5）横刃角度。如图3-5所示，横刃是麻花钻端面上一段与轴线垂直的切削刃，该切削刃的角度包括横刃斜角 ψ、横刃前角 γ_{o_ψ}、横刃后角 α_{o_ψ}。

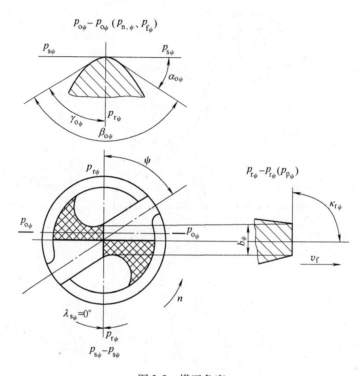

图 3-5　横刃角度

　　①横刃斜角 ψ。在端平面中，横刃与主切削刃之间的夹角为横刃斜角。它是刃磨钻头时自然形成的，顶角、后角刃磨正常的标准麻花钻 $\psi=47°\sim55°$，后角越大，横刃斜角越小。横刃斜角减小会使横刃的长度增大。

　　②横刃前角 γ_{o_ψ}。由于横刃的基面位于刀具的实体内，故横刃前角 γ_{o_ψ} 为负值。

　　③横刃后角 α_{o_ψ}。横刃后角 $\alpha_{o_\psi}=90°-\mid\gamma_{o_\psi}\mid$。

　　对于标准麻花钻，$\gamma_{o_\psi}=-60°\sim-50°$，$\alpha_{o_\psi}=30°\sim36°$。故钻削时横刃处金属挤刮变形严重，轴向力很大。实验表明，用标准麻花钻钻孔时，约有50%的轴向力由横刃产生。对于直径较大的麻花钻，一般需修磨横刃以减小轴向力。

　　7. 钻削用量的选择

　　1）背吃刀量 a_p。钻头钻削时的背吃刀量 $a_p=d/2$。

　　2）进给量 f。一般钻头的进给量受钻头的刚性与强度的限制，大直径钻头还受机床动力和工艺系统刚性的限制。

　　普通钻头的进给量可按如下经验公式估算。

$$f=(0.01\sim0.02)d \tag{3-4}$$

经合理修磨的钻头可选用 $f=0.03d$。直径小于 $3\sim5mm$ 的钻头，常用手动进给。

3）切削速度 v_c。高速钢钻头的切削速度推荐按表 3-4 选用，也可参考有关手册、资料选取。

表 3-4　高速钢钻头切削速度　　　　（单位：m·min^{-1}）

工件材料	低碳钢	中高碳钢	合金钢，不锈钢	铸铁	铝合金	铜合金
钻削速度 v_c	25～30	20～25	15～20	20～25	40～70	20～40

用麻花钻扩孔时，扩孔前的钻孔直径为孔径的 50%～70%，扩孔时的切削速度约为钻孔时的 1/2，进给量约为钻孔时的 1.5～2 倍。

四、相关实践知识

钻孔、扩孔时切削用量可参照表 3-5～表 3-11 选取。

表 3-5　高速钢麻花钻钻削碳钢及合金钢的切削用量

工件材料		硬度 HBW	切削速度/m·min^{-1}	钻头直径/mm				
				<3	3～6	6～13	13～19	19～25
				进给量 f/mm·r^{-1}				
碳钢	$w_C=0.25\%$	125～175	24	0.08	0.13	0.20	0.26	0.32
	$w_C=0.5\%$	175～225	20	0.08	0.13	0.20	0.26	0.32
	$w_C=0.9\%$	175～225	17	0.08	0.3	0.20	0.26	0.32
合金钢	$w_C=0.12\%\sim0.25\%$	175～225	21	0.08	0.15	0.20	0.40	0.48
	$w_C=0.3\%\sim0.65\%$	175～225	15～18	0.05	0.09	0.15	0.21	0.26

表 3-6　高速钢刀具钻孔时的切削用量

加工孔径/mm			1～6	6～12	12～22	22～50
铸铁	160～200HBW	v_c/m·min^{-1}	16～24			
		f/mm·r^{-1}	0.07～0.12	0.12～0.20	0.20～0.40	0.40～0.80
	200～241HBW	v_c/m·min^{-1}	10～18			
		f/mm·r^{-1}	0.05～0.10	0.10～0.18	0.18～0.25	0.25～0.40
	300～400HBW	v_c/m·min^{-1}	5～12			
		f/mm·r^{-1}	0.03～0.08	0.08～0.15	0.15～0.20	0.20～0.30
钢件	$R_m=520\sim700$MPa（35、45 钢）	v_c/m·min^{-1}	18～25			
		f/mm·r^{-1}	0.05～0.10	0.10～0.20	0.20～0.30	0.30～0.60
	$R_m=700\sim900$MPa（15Cr、20Cr）	v_c/m·min^{-1}	12～20			
		f/mm·r^{-1}	0.05～0.10	0.10～0.20	0.20～0.30	0.30～0.45
	$R_m=1000\sim1100$MPa（合金钢）	v_c/m·min^{-1}	8～15			
		f/mm·r^{-1}	0.03～0.08	0.08～0.15	0.15～0.25	0.25～0.35

注：1. 钻孔的背吃刀量与钻孔直径之比较大时，v_c、f 取小值。

　　2. 采用硬质合金钻头加工铸铁件时，v_c 一般为 20～30m/min。

表 3-7　高速钢麻花钻钻孔时的进给量

钻头直径 D /mm	钢的抗拉强度 R_m/MPa			铸铁、铜及铝合金的硬度 HBW	
	< 784	784 ~ 981	> 981	≤200	> 200
	进给量 f/mm·r⁻¹				
≤2	0.05 ~ 0.06	0.04 ~ 0.06	0.03 ~ 0.04	0.09 ~ 0.11	0.05 ~ 0.07
>2 ~ 4	0.08 ~ 0.10	0.06 ~ 0.08	0.04 ~ 0.06	0.18 ~ 0.22	0.11 ~ 0.13
>4 ~ 6	0.14 ~ 0.18	0.10 ~ 0.12	0.08 ~ 0.10	0.27 ~ 0.33	0.18 ~ 0.22
>6 ~ 8	0.18 ~ 0.22	0.13 ~ 0.15	0.11 ~ 0.13	0.36 ~ 0.44	0.22 ~ 0.26
>8 ~ 10	0.22 ~ 0.28	0.17 ~ 0.21	0.13 ~ 0.17	0.47 ~ 0.57	0.28 ~ 0.34
>10 ~ 13	0.25 ~ 0.31	0.19 ~ 0.23	0.15 ~ 0.19	0.52 ~ 0.64	0.31 ~ 0.39
>13 ~ 16	0.31 ~ 0.37	0.22 ~ 0.28	0.18 ~ 0.22	0.61 ~ 0.75	0.37 ~ 0.45
>16 ~ 20	0.35 ~ 0.43	0.26 ~ 0.32	0.21 ~ 0.25	0.70 ~ 0.86	0.43 ~ 0.53
>20 ~ 25	0.39 ~ 0.47	0.29 ~ 0.35	0.23 ~ 0.29	0.78 ~ 0.96	0.47 ~ 0.57
>25 ~ 30	0.45 ~ 0.55	0.32 ~ 0.40	0.27 ~ 0.33	0.9 ~ 1.1	0.54 ~ 0.66
>30 ~ 60	0.60 ~ 0.70	0.40 ~ 0.50	0.30 ~ 0.40	1.0 ~ 1.2	0.70 ~ 0.80

注：上述数据为孔径的公差等级为 IT12 ~ IT13，且钻孔深度小于 3 倍孔径时的数据。其他情况下应乘修正系数，具体可查阅相关工艺手册。

表 3-8　高速钢麻花钻加工灰铸铁时的进给量和切削速度

铸铁硬度/HBW		进给量 f/mm·r⁻¹												
140 ~ 152		0.20	0.24	0.30	0.40	0.53	0.70	0.95	1.3	1.7	—	—	—	—
153 ~ 166		0.16	0.20	0.24	0.30	0.40	0.53	0.70	0.95	1.3	1.7	—	—	—
167 ~ 181		0.13	0.16	0.20	0.24	0.30	0.40	0.53	0.70	0.95	1.3	1.7	—	—
182 ~ 199		—	0.13	0.16	0.20	0.24	0.30	0.40	0.53	0.70	0.95	1.3	1.7	
200 ~ 217		—	—	0.13	0.16	0.20	0.24	0.30	0.40	0.53	0.70	0.95	1.3	1.7
218 ~ 240		—	—	0.13	0.16	0.20	0.24	0.30	0.40	0.53	0.70	0.95	1.3	
刃磨形式	钻头直径 d/mm	切削速度 v/m·s⁻¹												
修磨双锥及横刃	20	0.91	0.90	0.80	0.71	0.63	0.56	0.50	0.45	0.40	0.35	0.31	0.28	0.25
	>20	0.91	0.91	0.91	0.83	0.73	0.65	0.58	0.51	0.45	0.40	0.36	0.32	0.28
标准钻头	3.2	0.66	0.58	0.51	0.46	0.41	0.36	0.33	0.29	0.25	0.23	0.20	0.18	0.15
	8	0.75	0.66	0.58	0.51	0.46	0.41	0.36	0.33	0.29	0.25	0.23	0.20	0.18
	20	0.85	0.75	0.66	0.58	0.51	0.46	0.41	0.36	0.33	0.29	0.25	0.23	0.20
	>20	0.91	0.88	0.78	0.70	0.61	0.55	0.49	0.43	0.38	0.35	0.30	0.26	0.24

表3-9 高速钢和硬质合金扩孔钻扩孔时的进给量

扩孔钻直径 d/mm	加工不同材料时的进给量 f/mm·r⁻¹		
	钢及铸钢	铸铁、铜合金及铝合金	
		≤200HBW	>200HBW
≤15	0.5~0.6	0.7~0.9	0.5~0.6
>15~20	0.6~0.7	0.9~1.1	0.6~0.7
>20~25	0.7~0.9	1.0~1.2	0.7~0.8
>25~30	0.8~1.0	1.1~1.3	0.8~0.9
>30~35	0.9~1.1	1.2~1.5	0.9~1.0
>35~40	0.9~1.2	1.4~1.7	1.0~1.2
>40~50	1.0~1.3	1.6~2.0	1.2~1.4
>50~60	1.1~1.3	1.8~2.2	1.3~1.5
>60~80	1.2~1.5	2.0~2.4	1.4~1.7

注: 1. 加工强度及硬度较低的材料时,采用较大值;加工强度及硬度较高的材料时,采用较小值。

2. 扩不通孔时,进给量取为 0.3~0.6mm/r。

3. 当加工孔径的公差等级为 IT8~IT11,或进行攻螺纹前的扩孔时,进给量应乘系数 0.7。

表3-10 高速钢扩孔钻在灰铸铁铸件上扩孔时的切削速度

进给量 f/(mm·r⁻¹)	扩孔钻直径 d/mm													
	15	20	25	25*	30	30*	35	35*	40	40*	50*	60*	70*	80*
	背吃刀量 a_p/mm													
	1.0	1.0	1.5	1.5	1.5	1.5	1.5	1.5	2.0	2.0	2.5	3.0	3.5	4.0
	切削速度 v_c/m·s⁻¹													
0.3	0.55	0.59	—	—	—	—	—	—	—	—	—	—	—	—
0.4	0.49	0.52	0.49	0.44	—	—	—	—	—	—	—	—	—	—
0.5	0.45	0.48	0.49	0.40	0.47	0.40	—	—	—	—	—	—	—	—
0.6	0.42	0.44	0.42	0.37	0.43	0.39	0.43	0.39	0.43	0.38	—	—	—	—
0.8	0.37	0.40	0.37	0.33	0.38	0.35	0.38	0.34	0.38	0.34	0.34	0.34	—	—
1.0	0.34	0.36	0.34	0.31	0.35	0.32	0.35	0.31	0.35	0.31	0.31	0.31	0.31	0.30
1.2	0.32	0.34	0.32	0.28	0.33	0.29	0.33	0.29	0.32	0.29	0.29	0.29	0.28	0.28
1.4	—	0.32	0.30	0.27	0.31	0.29	0.31	0.27	0.31	0.27	0.27	0.27	0.27	0.27
1.6	—	0.30	0.28	0.25	0.29	0.26	0.29	0.26	0.29	0.26	0.26	0.25	0.25	0.25
1.8	—	—	0.27	0.24	0.28	0.25	0.28	0.25	0.28	—	—	—	—	—
2.0	—	—	—	—	0.27	0.24	0.27	0.24	0.26	0.24	0.24	0.23	0.23	0.23
2.4	—	—	—	—	—	0.25	0.21	0.25	0.22	0.22	0.22	0.22	0.21
2.8	—	—	—	—	—	—	—	—	0.23	0.21	0.21	0.20	0.20	0.20
3.2	—	—	—	—	—	—	—	—	—	—	0.19	0.19	0.19	0.19
3.6	—	—	—	—	—	—	—	—	—	—	0.18	0.18	0.18	0.18
4.0	—	—	—	—	—	—	—	—	—	—	—	—	0.18	0.18

注: 1. 使用条件变换时,修正系数查切削手册。

2. "*"表示套式扩孔钻。

表 3-11　硬质合金扩孔钻扩孔的切削速度　　　　（单位：m·min^{-1}）

碳钢及合金钢件 R_m =735MPa，P10，加切削液					灰铸铁件 195HBW，K30，不加切削液				
扩孔钻直径/mm	25	40	60	80	扩孔钻直径/mm	25	40	60	80
背吃刀量/mm	1.5	2	3	4	背吃刀量/mm	1.5	2	3	4
进给量 f/mm·r^{-1}	0.4	60.4				进给量 f/mm·r^{-1}	0.4	119.5			
	0.5	56.5	66.8	67.8	69.4		0.5	108.1	114.3		
	0.6	53.4	63.3	64.2	65.7		0.6	99.6	105.3	92.1	
	0.7	51	60.5	61.3	62.7		0.7	92.9	98.2	85.9	79.7
	0.8	49	58	59	60.3		0.8	87.5	92.5	80.9	75.1
	0.9	47.3	56	56.9	58.3		0.9	83.0	87.7	76.8	71.2
	1.0		54.3	55	56.4		1.0	79.1	83.7	73.2	67.9
	1.2		51.4	52.2	53.4		1.2	72.9	77.1	67.4	62.6

五、思考与练习

1. 切削用量的选择原则是什么？
2. 钻削刀具的种类有哪些？

模块 2　镗刀与铰刀的选用

一、教学目标

最终目标：会选择加工箱体零件的常用镗削刀具与铰削刀具，并能够确定镗削与铰削加工时的切削参数。

促成目标：

1）能根据加工对象选择常用的镗削与铰削刀具。

2）会选择镗削与铰削加工时的切削参数。

二、案例分析

用镗刀对铸造孔、锻造孔或已钻出的孔进行再次加工的方法为镗孔，其加工范围很广，可作为粗加工，也可作为精加工。在小批生产中，对非标准孔、大直径孔、精确的短孔和不通孔的加工一般都采用镗孔。非铁金属工件上的大孔精加工也采用镗孔。镗孔是单件小批生产中较经济的加工方法。

镗孔时，由于受孔的尺寸的限制，尤其是小直径的深孔，镗杆刚性较差，容易产生振动，生产率低；但镗孔能够修正前面工序产生的轴线歪斜或偏移问题，可获得较好的位置精度。

铰孔是对中小尺寸（孔径范围一般为 $\phi3 \sim \phi150$mm）、未淬硬孔的精加工方法。铰孔加工时，由于加工余量小，切削速度较低，铰刀制造精确，刀齿多，刚性好，还有较好的排屑润滑条件，因此铰孔后孔的质量得以提高。一般手工铰孔比机床铰孔的精度要高，能达到IT5。铰削的加工经济精度见表 3-1。

铰刀是一种尺寸精确的多刃刀具，其种类很多。其中，直槽的圆柱铰刀和圆锥铰刀最为常见。选择铰刀的直径和公差时，应考虑到被加工孔的公差、铰孔时的扩张量或收缩量、铰刀使用时的磨损储备量，以及铰刀本身的制造公差等因素。铰孔时应合理选择加工用量和切削液。

铰削加工的纠正孔的位置误差的能力很差，故孔的位置精度应由铰削前的工序保证。

下面以附图中的主轴箱箱体的 $\phi 115mm$ 轴承孔镗削加工为例，介绍切削用量的计算。

加工方案为粗镗—半精镗—精镗。加工余量分别为：粗镗 20mm，半精镗 1.3mm，精镗 0.7mm。

（1）粗镗

1）背吃刀量。粗镗余量为 20mm，需两次进给加工完成，所以 $Z_1 = 10mm$，$Z_2 = 10mm$，$a_{p_1} = a_{p_2} = 10mm/2 = 5mm$。

2）进给量。查表 3-17 和表 2-6，可选 0.37mm/r、0.52mm/r、0.74mm/r，粗镗选大值，则 $f = 0.74mm/r$。

3）镗削速度。查表 3-17，确定 $v_c = 45m/min$，故

$$n = 1000v_c/(\pi d) = \frac{1000 \times 45}{\pi \times 113}r/min = 126.8r/min$$

查表 2-5，确定主轴转速 $n = 125r/min$，则实际镗削速度为

$$v_c = n\pi d/1000 = \frac{125 \times \pi \times 113}{1000}m/min = 44.35m/min$$

（2）半精镗

1）背吃刀量。半精镗加工的余量为 1.3mm，可通过一次进给完成，故

$$a_p = 1.3mm/2 = 0.65mm$$

2）进给量。查表 3-17 和表 2-6，可选 0.27mm/r、0.37mm/r、0.52mm/r，在此选 $f = 0.37mm/r$。

3）镗削速度。查表 3-17，选取 $v_c = 60m/min$，故

$$n = 1000v_c/(\pi d) = \frac{1000 \times 60}{\pi \times 114.3}r/min = 167.18r/min$$

查表 2-5，确定主轴转速 $n = 160r/min$，则实际镗削速度为

$$v_c = n\pi d/1000 = \frac{160 \times \pi \times 114.3}{1000}m/min = 57.42m/min$$

（3）精镗

1）背吃刀量。精镗加工的余量为 0.7mm，可一次进给加工完成，故

$$a_p = 0.7/2mm = 0.35mm$$

2）进给量。查表 3-17 和表 2-6，可选 0.19mm/r、0.27mm/r、0.37mm/r，精镗选小值，则 $f = 0.19mm/r$。

3）镗削速度。查表 3-17，确定 $v_c = 60m/min$，故

$$n = 1000v_c/(\pi d) = \frac{1000 \times 60}{\pi \times 115}r/min = 166.16r/min$$

查表 2-5，确定主轴转速 $n = 160r/min$，则实际镗削速度为

$$v_c = n\pi d/1000 = \frac{160 \times \pi \times 115}{1000}m/min = 57.78m/min$$

三、相关知识点

1. 镗削加工常用的刀具

常用的镗刀见表3-12。

表 3-12　常用的镗刀

名称		用途	简　图	应用特点
单刃镗刀	普通单刃镗刀	用于普通镗床。根据条件和用途，刀片形状和长度自定		应用范围广，刀具制造简单，刃磨方便 根据单刃镗刀装夹方式的不同，分别用于镗通孔、阶梯孔及不通孔
	弯头镗刀	用于坐标镗床。如用高速钢制作，杆部可用45钢，并对焊		
	小孔镗刀	用于坐标镗床。小孔镗刀适用于直径不大于10mm的小孔		
双刃镗刀	整体式	用于孔的终加工。整体镗刀块在镗杆上的安装精度取决于镗刀块的制造和刃磨精度		整体式有定装和浮动的两种，此两种又均可做成可调的 不可调的整体式镗刀块要重视制造和刃磨精度。可调的浮动镗刀块能补偿镗刀块制造、刃磨误差或镗杆全跳动误差引起的不良影响
	可调式	用于孔的终加工。切削用量小，刀具的寿命长。由于镗刀块是浮动的，所以能自动平衡其切削位置		

2. 铰削加工常用的刀具

常用的铰刀见表 3-13。

表 3-13　常用的铰刀

名称	直径/mm	简　图	用　途
手用铰刀	1.32~85.00		在单件、小批加工或装配时使用
直柄机用铰刀	1.32~20.00		成批生产时使用
莫氏锥柄机用铰刀	5.3~50.0		成批生产、在机床上加工深孔时使用
莫氏锥柄长刃机用铰刀	6.0~85.0		
套式机用铰刀	19.9~101.6		成批生产时,把铰刀套在专用的1:30锥度的芯轴上,铰削直径较大的孔
镶齿铰刀	40~100		
硬质合金直柄机用铰刀	5.3~20.0		成批或大量生产时在机床上使用
硬质合金莫氏锥柄机用铰刀	7.5~40.0		
莫氏锥柄机用桥梁铰刀	6.0~50.8		用于铰削桥梁铆钉孔
1:8 锥形铰刀			在机床上铰削1:8的锥销孔
锥柄机用1:50锥度销子铰刀	5~50		用于在机床上铰削直径较大的圆锥销孔
莫氏锥柄莫氏圆锥和米制圆锥铰刀[1]			用于成批生产时,在机床上铰削莫氏圆锥孔和米制圆锥孔

[1]　莫氏锥柄莫氏圆锥铰刀规格为莫氏 0~6 号;米制圆锥铰刀规格为米制 4~6 号。

3. 单刃镗刀

镗刀用于加工机座、箱体及支架等外形复杂的大型零件上的直径较大的孔,特别是有位置精度要求的孔和孔系。镗刀按切削刃数量,可分为单刃镗刀、双刃镗刀和多刃镗刀;按工件的加工表面特征,可分为通孔镗刀、不通孔镗刀、阶梯孔镗刀和端面镗刀;按刀具结构,可分为整体式镗刀、装配式镗刀和可调式镗刀。

普通单刃镗刀只有一条主切削刃在单方向上参加切削,其结构简单、制造方便、通用性强,但刚性差,镗孔尺寸调节不方便,生产率低,对工人操作技术要求高。图 3-6 所示为不同结构的单刃镗刀。加工小直径孔的镗刀通常做成整体式，加工大直径孔的镗刀可做成机夹式或机夹可转位式。镗刀杆不宜太细、太长，以免切削时产生振动。镗刀杆、镗刀头尺寸与镗孔直径的关系见表3-14。

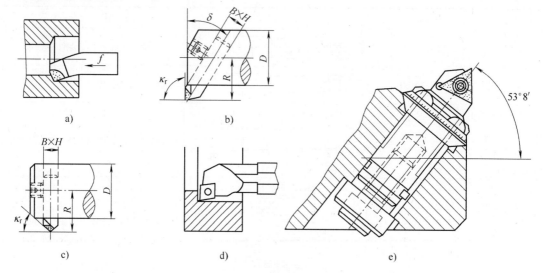

图 3-6　单刃镗刀

a) 整体焊接式镗刀　b) 机夹式不通孔镗刀　c) 机夹式通孔镗刀　d) 可转位镗刀　e) 微调镗刀

表 3-14　镗刀杆、镗刀头尺寸与镗孔直径的关系　　　　　　　（单位：mm）

镗孔直径	32 ~ 38	40 ~ 50	51 ~ 70	71 ~ 85	86 ~ 100	101 ~ 140	141 ~ 200
镗刀杆直径	24	32	40	50	60	80	100
镗刀头直径或长度	8	10	12	16	18	20	24

为了使镗刀头在镗刀杆内有较大的安装长度，并具有足够的位置拧紧和调节紧定螺钉，在镗不通孔或阶梯孔时，镗刀头在镗刀杆上的安装倾斜角 δ 一般取 $10° ~ 45°$，镗通孔时，倾斜角 $\delta = 0°$，以便于镗刀杆的制造。通常，紧定螺钉从镗刀杆端面或顶面压紧镗刀头。新型的微调镗刀调节方便，调节精度高，适于在坐标镗床和数控机床上使用。

镗刀的刚性差，切削时易引起振动，故应选主偏角 κ_r 较大的镗刀，以减小径向力。镗铸件孔或精镗时，一般取 $\kappa_r = 90°$；粗镗钢件孔时，取 $\kappa_r = 60° ~ 75°$，以提高刀具的寿命。为使镗刀头底面有足够支承面积，并避免因工件材质不均而造成扎刀现象，往往需要使镗刀刀尖高于工件中心 Δh，一般取 $\Delta h = D/20$（D 为工件孔径）或更大些，使切削时镗刀的工作前角减小，工作后角增大，相应地要选择前角大、后角小的镗刀。

4. 双刃镗刀

双刃镗刀是定尺寸的镗孔刀具，通过改变两个切削刃之间的距离，实现对不同直径孔的加工。常用的双刃镗刀有固定式双刃镗刀、可调式双刃镗刀和浮动式双刃镗刀三种。

（1）固定式双刃镗刀　如图3-7所示，工作时，镗刀块可通过斜楔（图3-7a）或者在两个方向倾斜的螺钉（图3-7b）等夹紧在镗杆上。镗刀块相对轴线的位置误差会造成孔径误差。因此，镗刀块与镗刀杆上方孔的配合精度要求较高。镗刀杆上安装镗刀块的方孔对轴线的垂直度公差与对称度公差均为0.01mm。固定式双刃镗刀用于粗镗或半精镗直径大于40mm的孔。

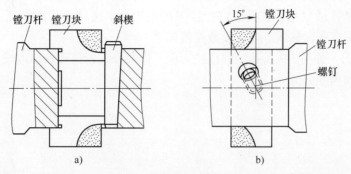

图3-7 固定式双刃镗刀

（2）可调式双刃镗刀 如图3-8所示，可调式双刃镗刀采用一定的机械结构，可以调整两刀片之间的距离，从而使一把刀具可以加工不同直径的孔，并可以补偿刀具的磨损。

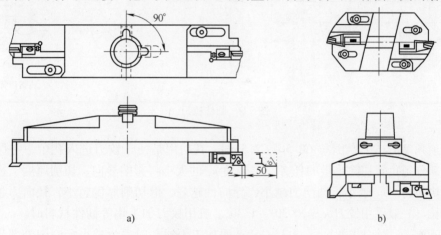

图3-8 可调式双刃镗刀

a）刀片间距大 b）刀片间距小

（3）浮动式双刃镗刀 浮动式双刃镗刀的特点是，镗刀块可自由地装入镗刀杆的方孔中，不需夹紧，通过作用在两个切削刃上的切削力来自动平衡其切削位置，所以它能自动补偿由刀具安装误差、机床主轴偏差而造成的加工误差，能获得较高的尺寸精度（IT7~IT6）；但它无法纠正孔的直线度误差和位置误差，故要求待加工孔的轴线的直线度好，表面粗糙度Ra值不大于3.2μm。这种镗刀主要适用于单件、小批生产加工直径较大的孔，特别适于加工孔径大（$d > 200$mm）而深（$L/D > 5$）的筒件和管件孔。

浮动式双刃镗刀的主偏角通常取$\kappa_r = 1°30' ~ 2°30'$。κ_r过大，会使轴向力增大，镗刀在刀孔中摩擦力过大，失去浮动作用。由于镗杆上装浮动镗刀的方孔对称于镗杆中心线，所以在选择前角、后角时，必须考虑工作角度的变化值，以保证切削轻快和加工表面的质量。浮动镗削的切削用量分别为：$v_c = 5 ~ 8$m/min、$f = 0.5 ~ 1$mm/r、$a_p = 0.03 ~ 0.06$mm。切削钢件时，用乳化液或硫化切削油作为切削液，加工铸铁件时，用煤油或柴油作为切削液。

5. 高速钢铰刀

铰刀是对中、小直径的孔进行半精加工和精加工的刀具。铰刀齿数多，槽底直径大，导向性及刚性好。铰削时，铰刀从工件的孔壁上切除微量的金属层，使被加工孔的尺寸公差等级和表面质量得到提高（一般可达到 IT6 ~ IT8，Ra 值为 $1.6 \sim 0.4\mu m$）。在铰孔之前，被加工孔一般需经过钻孔或钻孔、扩孔工序。铰刀可用于加工圆柱孔、圆锥孔；可以用手工操作，也可用在普通车床、钻床、镗床及数控机床上。

（1）圆柱铰刀　如图 3-9 所示，圆柱铰刀由工作部分、颈部和柄部组成。工作部分包括导锥、切削部分和校准部分。

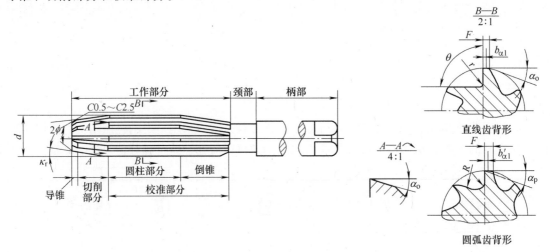

图 3-9　圆柱铰刀

导锥顶角 $2\phi = 90°$，倒角 $C0.5 \sim C2.5mm$，其功用是便于铰刀进入孔中，并保护切削刃。切削部分担负着切除余量的任务，主偏角 κ_r 的大小将影响导向、切削厚度、径向切削力及轴向切削力。κ_r 越小，轴向力越小，导向性越好，但切削厚度越小，径向力越大，切削锥部越长。一般手用铰刀 $\kappa_r = 0°30' \sim 1°30'$。机用铰刀加工钢等韧性材料时，$\kappa_r = 12° \sim 15°$；加工铸铁等脆性材料时，$\kappa_r = 3° \sim 5°$；而加工不通孔时，为减小孔底圆锥部长度，取 $\kappa_r = 45°$。

铰刀的校准部分与车刀的修光刃相似，其功能包括校准、导向、熨压和刮光。因此，校准部分后面留有 $0.2 \sim 0.4mm$ 的刃带，亦可保证铰刀直径尺寸精度及各齿较小的径向圆跳动误差。为减小校准部分与孔壁的摩擦，防止孔径扩大，校准部分的一段或全部制成倒锥形，其倒锥量为 $0.005 \sim 0.006mm/100mm$。

由于铰孔余量很小，切屑很薄，前角作用不大，一般多取 $\gamma_o = 0°$。加工韧度高的金属时，为减小切削变形，也可取 $\gamma_o = 5° \sim 10°$。铰刀的后角一般取 $\alpha_o = 6° \sim 8°$。从切削厚度来看，似乎后角应取得再大些，但当后角过大时，切削部分与校准部分交接处（刀尖）的强度、散热条件变差，初期得到的铰孔质量好，但刀尖很快钝化，加工质量反而降低，同时也使重磨量加大。另外，后角取较小值有利于增加阻尼，避免振动。

（2）带刃倾角铰刀和大螺旋角铰刀　图 3-10 所示为带刃倾角铰刀，它的突出特点是切削部分的前面和校准部分的前面不在同一个平面内，故可以方便地将切削部分制成正的刃倾角和前角，一般 $\lambda_s = 15° \sim 20°$，$\gamma_o = 3° \sim 5°$。由于实际前角较大，切屑容易形成，切削力小，可比普通铰刀的背吃刀量大，进给量也大（$f = 0.5 \sim 3.18mm/r$）。切屑向前排出顺畅，不会出现普通铰刀那样切屑挤压在容屑槽内划伤孔壁的现象。铰刀前端有一沉孔，加工不通孔时可容纳切屑。

大螺旋角铰刀又称螺旋槽铰刀，如图3-11所示。其特点是螺旋角很大，看起来像一个多线左旋螺纹。由于切削刃很长，故可连续参加切削，切削过程平稳无振动。切屑呈发射状向前排出，不会擦伤已加工表面。由于切削刃很长，且磨损均匀，故刀具寿命长，背吃刀量大，切削速度高，进给量大，在加工 $\phi 8$ ~ $\phi 50mm$ 孔时，背吃刀量为 0.4 ~ 1.2mm ， $v_c =$

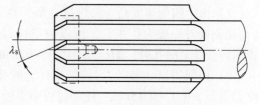

图3-10　带刃倾角铰刀

0.13 ~ 0.75m/s ， $f = 0.1$ ~ 0.3mm/r，公差等级可达到 IT6 ~ IT7，表面粗糙度 Ra 值可达 1.6 ~ 0.8 μm 。

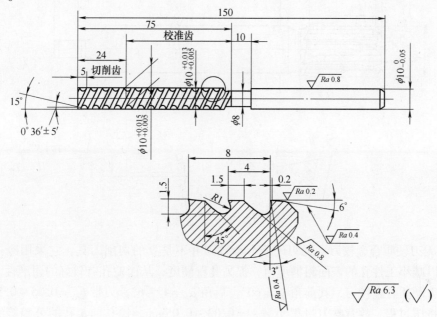

图3-11　大螺旋角铰刀

6. 硬质合金铰刀

采用硬质合金铰刀进行铰削可提高切削速度和生产率，特别是加工淬火钢、高强度钢及耐热钢等难加工材料时，效果更显著。

（1）硬质合金铰刀的特点　如图3-12所示，与高速钢铰刀相比，硬质合金铰刀的特点如下：

1）受结构和容屑空间要求的限制，齿数比相同直径的高速钢铰刀少。

2）不但校准部分的后面上留有 0.2 ~ 0.3mm 的刃带，为了改善刃口的强度，切削部分也应磨出 $b_{\alpha_1} = 0.01$ ~ 0.07mm 的刃带，故硬质合金铰刀铰削是切削与挤压的综合作用过程。

3）铰削钢件时，切削部分必须有 3° ~ 5° 甚至 10° 以上的刃倾角，以使切屑向前排出，不致划伤已加工表面。

4）前角一般为0°，也可为负值，依工件材料不同，切削部分也可磨成3° ~ 5°的前角。

5）后角 $\alpha_o = 8° \sim 12°$，刀体上后角 $\alpha_o \geq 15°$。设置双重后角的目的是用金刚石砂轮磨削硬质合金刀片后面时不糊塞、擦伤砂轮，故刀体直径还应比钻头直径小 2mm。

6）校准部分的倒锥量较大。

7）由于铰削速度高、发热量（率）高，且存在挤压，铰削后的孔径往往出现收缩现象（高速钢铰刀一般为扩张），所以制造铰刀时，其上极限尺寸应比孔的上极限尺寸大 ΔD。铰削铸铁件上的孔时，$\Delta D = 0.015 \sim 0.02$mm；铰削钢件上的孔时 $\Delta D = 0.01 \sim 0.015$mm。

8）切削用量（参考）。铰削钢件上的孔时，$v_c = 0.13 \sim 0.2$m/s，$f = 0.3 \sim 0.5$mm/r，背吃刀量 $a_p = 0.1 \sim 0.15$mm。铰削过程中需加切削液进行冷却。

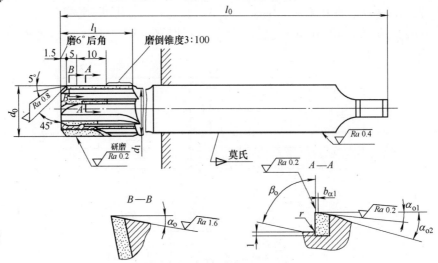

图 3-12　硬质合金铰刀

（2）无刃硬质合金铰刀　无刃硬质合金铰刀并不是真的切削刀具，它采用冷挤压的方式工作，以减小工件孔的表面粗糙度值，提高孔壁硬度，从而使孔有较好的耐磨性。图 3-13 所示为无刃硬质合金铰刀，其前角 $\gamma_o = 60°$，后角 $\alpha_o = 4° \sim 6°$，刃带 $b_{\alpha1} = 0.25 \sim 0.5$mm。由于铰削是挤压过程，故背吃刀量很小，$a_p = 0.03 \sim 0.05$mm。铰孔前，孔的公差等级要达到 IT7，表面粗糙度 Ra 值也应达 3.2μm。铰削后 Ra 值为 0.63 ~ 1.25μm。铰削后的孔径一般要收缩 0.003 ~ 0.005mm。注意，铰削后，铰刀应反转退出，以免划伤工件表面。铰刀的制造精度要求很高，柄部与工作部分外圆同轴度误差应小于 0.01mm，挤压刃处的表面粗糙度

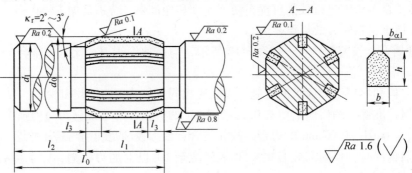

图 3-13　无刃硬质合金铰刀

Ra 值应达 $0.1\mu m$。锥面与校准部要用磨石打磨，且应注意保养，刃口不能起毛。

无刃硬质合金铰刀只适于铰削铸铁件，一般用煤油作为切削液。

（3）单刃硬质合金铰刀 图 3-14 所示为单刃硬质合金铰刀。单刃硬质合金铰刀的特点是只有一个切削刃，而在圆周上配置 2~3 个导向块。它们相对于刀齿的配置角度分别为：两个导向块时，为 84°和 180°；三个导向块时，为 84°~90°、180°和 276°。导向块的倒角一般制成和刀片的切削锥主偏角一样，但其倒角部分应比刀尖滞后 $e = 1$ 倍~1.5 倍进给量，以保证导向块与孔壁接触进行导向。为减小与孔壁的摩擦，导向块和刀片全长应有约 1:1000 的倒锥量，且刀齿的倒锥量应比导向块稍大一点。

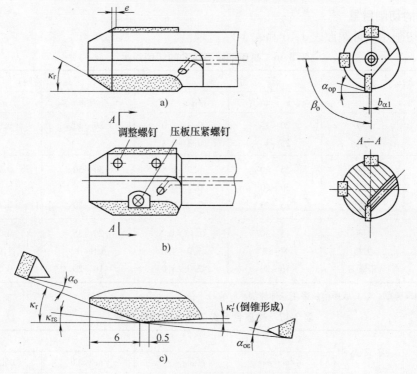

图 3-14 单刃硬质合金铰刀
a）焊接式结构 b）机夹式结构 c）铰刀角度

松开压板压紧螺钉后，旋转两个调整螺钉可调整刀片的径向尺寸。切削刃应比导向块高出 C（即径向尺寸大，但焊接式只能做成一样的尺寸），C 的大小与工件材料有关，可参考表 3-15。导向块不但起支承、导向作用，还有挤光作用。单刃硬质合金铰刀加工精度高，得到的孔壁表面粗糙度值小，切削刃与导向块为不同直径时效果更好。公差等级可稳定达 IT8~IT7，表面粗糙度 Ra 值可达 $1\mu m$ 以下。

表 3-15 单刃铰刀刀齿高出量 C

工件材料	钢		铸　铁		铜合金和铝合金
	$R_m \leqslant 590MPa$	$R_m > 590MPa$	$\leqslant 200HBW$	$> 200HBW$	
刀齿高出量 C/mm	0~0.01	0.005~0.03	-0.005~+0.005	0.002~0.02	-0.002~+0.002

单刃铰刀的背吃刀量可比普通多刃铰刀大些，一般背吃刀量 $a_p = 0.1~0.4mm$。钻孔后直接铰孔，可获得较高的加工精度和较小的表面粗糙度值。进给量不应过大，通常可取 $f =$

$0.08 \sim 0.4\text{mm/r}$。切削速度不应低于 0.33m/s。值得注意的是表面粗糙度值与切削速度关系曲线呈驼峰状，使用者应根据具体情况找到最佳值。切削液以采用极压切削油为好，要保证供油充分且应注意油液的清洁。

其他常用的几何参数分别为：$\kappa_r = 30°$，$\kappa_{re} = 3°$，$b_e = 0.5\text{mm}$，切削刃、过渡刃和校准部分的后角可取相同值，即 $\alpha_o = \alpha_{oe} = \alpha_{op} = 7° \sim 10°$。校准部分刃带宽度 $b_{a1} = 0.15 \sim 0.4\text{mm}$，直径大的取大值。

四、相关实践知识

1. 镗孔的切削用量

镗孔的切削用量可按照表 3-16 和表 3-17 选取。

表 3-16　高速钢镗刀镗孔的切削用量

加工工序	刀具类型	铸　铁		钢（铸钢）	
		$v_c/\text{m} \cdot \text{min}^{-1}$	$f/\text{mm} \cdot \text{r}^{-1}$	$v_c/\text{m} \cdot \text{min}^{-1}$	$f/\text{mm} \cdot \text{r}^{-1}$
粗镗	刀头	20 ~ 35	0.3 ~ 1.0	20 ~ 40	0.3 ~ 1.0
	刀板	25 ~ 40	0.3 ~ 0.8		
半精镗	刀头	25 ~ 40	0.2 ~ 0.8	30 ~ 50	0.2 ~ 0.8
	刀板	30 ~ 40	0.2 ~ 0.6		
	粗镗刀	15 ~ 25	2.0 ~ 5.0	10 ~ 20	0.5 ~ 3.0
精镗	刀头	15 ~ 30	0.15 ~ 0.5	20 ~ 35	0.1 ~ 0.6
	刀板	8 ~ 15	1.0 ~ 4.0	6.0 ~ 12	1.0 ~ 4.0
	精镗刀	10 ~ 20	2.0 ~ 5.0	10 ~ 20	0.5 ~ 3.0

注：采用镗模镗削，v_c 宜取中值；采用悬伸镗削，v_c 宜取小值。

表 3-17　硬质合金镗刀镗孔的切削用量

加工工序	刀具类型	铸　铁		钢（铸钢）	
		$v_c/\text{m} \cdot \text{min}^{-1}$	$f/\text{mm} \cdot \text{r}^{-1}$	$v_c/\text{m} \cdot \text{min}^{-1}$	$f/\text{mm} \cdot \text{r}^{-1}$
粗镗	刀头	40 ~ 80	0.3 ~ 1.0	40 ~ 60	0.3 ~ 1.0
	刀板	35 ~ 60	0.3 ~ 0.8		
半精镗	刀头	60 ~ 100	0.2 ~ 0.8	80 ~ 120	0.2 ~ 0.8
	刀板	50 ~ 80	0.2 ~ 0.6		
	粗镗刀	30 ~ 50	3 ~ 5		
精镗	刀头	50 ~ 80	0.15 ~ 0.5	60 ~ 100	0.15 ~ 0.5
	刀板	20 ~ 40	1.0 ~ 4.0	8 ~ 20	1.0 ~ 4.0
	精镗刀	30 ~ 50	2.0 ~ 5.0		

2. 铰刀的应用

铰刀是常用的精加工刀具，只有正确使用才能达到预期的精度和表面质量要求。

（1）铰刀的直径　用铰刀加工出的孔的实际尺寸不等于铰刀的实际尺寸。使用高速钢铰刀时，一般情况下（薄壁件除外）铰出的工件孔径比铰刀实际直径稍大，其差值 P 称为扩张量。使用硬质合金铰刀进行高速铰削时，往往产生收缩现象，其差值 P_1 称为收缩量（或负扩张量）。铰刀的直径与工件孔径应有图3-15所示的关系。

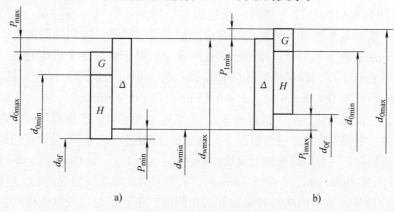

a)　　　　　　　　　　　　　　　　　　　　　b)

图3-15　铰刀直径的确定

a）出现扩孔时的情况　b）出现收缩时的情况

Δ—孔径公差　P_{max}—最大扩张量　P_{min}—最小扩张量　G—铰刀制造尺寸公差

H—铰刀磨耗储备量　P_{1max}—最大收缩量　P_{1min}—最小收缩量

铰刀的实际尺寸应介于 d_{0max} 和 d_{0f} 之间。制造时应考虑铰刀因磨损引起的尺寸减小量，故应有一定的储备量 H。铰刀制造时的极限尺寸应为 d_{0max} 和 d_{0min}，公差为 G。工具厂生产的标准高速钢铰刀的极限尺寸分别为

$$d_{0max} = d_{wmax} - 0.15G$$
$$d_{0min} = d_{wmin} - 0.35G$$

尺寸公差带代号为 H7、H8 和 H9 的铰刀用于加工 H7、H8 和 H9 的孔。实际加工时，若铰刀的精度等级不符合孔径要求，使用者可自行研磨铰刀校准部分的外径，研磨量一般很小，约为 0.01mm 左右。

这里推荐一种简单易行的研磨方法：先加工一个铸铁研磨套，套在铰刀的校准部分，将铰刀装在机床（车床、钻床或镗床）上，使主轴反转，用手捏住铸铁研磨套往复运动，即可研磨。铸铁研磨套尺寸如图3-16所示，其技术数据如下：

1）壁厚 $\delta = 0.5 \sim 0.8$mm，依铰刀直径大小而定。外径 $D = 2\delta + D'$，内径 D' 用被研磨铰刀铰出即可。开口槽宽度 $b = 0.8 \sim 1$mm，斜角 $\omega = 10°$。长度 L 为 1.5 倍的铰刀工作部分长度。

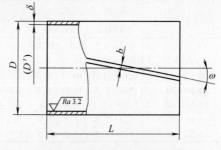

图3-16　铸铁研磨套尺寸

2）机床主轴转速 $n = 45 \sim 80$r/min。

3）在铸铁研磨套与铰刀接触面间加少量 200 ~ 500 号金刚砂粉与煤油拌和的研磨膏。研磨量小时，也可以只加煤油。

用力大小需根据研磨量的大小自行掌握。往复运动时，应注意铸铁研磨套超出铰刀工作部分的距离不宜大于套全长的 1/3。

（2）铰刀的装夹　铰削的功能是提高孔的尺寸精度和表面质量，而不能提高孔的位置精度。铰孔时，要求铰刀与机床主轴间具有很好的同轴度。采用刚性装夹并不理想，若同轴

度误差大，则会出现孔不圆、喇叭口，以及扩张量大等现象，最好采用浮动装夹装置。机床或夹具只传递运动和动力，而依靠铰刀的校准部分进行导向。

（3）切削用量和切削条件　铰削余量过大时，切削负荷重，发热量大；余量过小时，切屑不易形成，啃刮现象严重。两种情况都会使加工质量降低。铰削的原则是，在保证能消除上道工序缺陷的前提下，尽量选择较小的铰削余量。对于精度要求较高的孔，铰削前，底孔应经扩、镗或粗铰工序，以保证底孔质量。铰孔时，单边余量即为背吃刀量 α_p，一般 α_p = 0.06 ~ 0.3mm。孔径 $D \leqslant 16$mm 时，$\alpha_p \leqslant 0.15$mm；$D = 16 \sim 50$mm 时，$\alpha_p \leqslant 0.25$mm。

与钻削相比，铰削的特点是"低速大进给"。低速是为了避免产生积屑瘤，进给量较大是由于铰刀齿数多，主偏角小。若进给量过小，会造成切削深度过小，不易形成切屑，啃刮现象严重，刀具磨损加剧。一般用高速钢刀具铰削钢材时：$v_c = 1.5 \sim 5$m/min，$f = 0.3 \sim 2$mm/r。铰削铸铁件时：$v_c = 8 \sim 10$m/min，$f = 0.5 \sim 3$mm/r。孔径尺寸大或质量要求高时，进给量取小值。

为提高铰孔质量，需使用润滑效果较好的切削液，不宜干切。铰削钢件时，切削液以浓度较高的乳化液或硫化油为好；铰削铸铁件时，切削液以煤油为好。

（4）铰刀的重磨和鏨刀　由于切削余量小，铰刀的磨损发生在切削部分的后面，所以应重磨切削锥部的后面，其表面粗糙度 Ra 值不应大于 0.4μm，以保证刃口锋利。铰刀的磨损并不均匀，通常是切削锥部与校准部分交接处（刀尖）的磨损量较大。若磨成 $\kappa_{r\varepsilon} = 1° \sim 2°$，$b_\varepsilon = 1 \sim 1.5$mm 的过渡刃，磨损情况会得到改善。在使用过程中，根据磨损情况用磨石仔细鏨刀（各刃应一致），对提高加工质量，减小刀具磨损有好处。有时新刃磨好的铰刀反而不如用过的铰刀加工质量好，故新刃磨好的铰刀也应仔细鏨刀后再用。

铰削一般孔时，采用直齿铰刀即可；铰削不连续的孔时，应采用螺旋齿铰刀；铰削通孔时，应选用左旋铰刀，切屑向前排出；铰削不通孔时，只能选用右旋铰刀，以使切屑向后排出。注意防止"自动进刀"现象引起的振动。

3. 铰孔切削用量的选择

铰削时的切削用量可按照表 3-18 ~ 表 3-23 选取。

表 3-18　机用铰刀铰孔时的进给量　　　　　　（单位：mm·r⁻¹）

铰刀直径/mm	高速钢铰刀				硬质合金铰刀			
	钢		铸　铁		钢		铸　铁	
	$R_m \leqslant$ 880MPa	$R_m >$ 880MPa	≤170HBW	>170HBW	未淬火钢	淬火钢	≤170HBW	>170HBW
≤5	0.2 ~ 0.5	0.15 ~ 0.35	0.6 ~ 1.2	0.4 ~ 0.8	—	—	—	—
>5 ~ 10	0.4 ~ 0.9	0.35 ~ 0.7	1.0 ~ 2.0	0.65 ~ 1.3	0.35 ~ 0.5	0.25 ~ 0.35	0.9 ~ 1.4	0.7 ~ 1.1
>10 ~ 20	0.65 ~ 1.4	0.55 ~ 1.2	1.5 ~ 3.0	1.0 ~ 2.0	0.4 ~ 0.6	0.30 ~ 0.40	1.0 ~ 1.5	0.8 ~ 1.2
>20 ~ 30	0.8 ~ 1.8	0.65 ~ 1.5	2.0 ~ 4.0	1.3 ~ 2.6	0.5 ~ 0.7	0.35 ~ 0.45	1.2 ~ 1.8	0.9 ~ 1.4
>30 ~ 40	0.95 ~ 2.1	0.8 ~ 1.8	2.5 ~ 5.0	1.6 ~ 3.2	0.6 ~ 0.8	0.4 ~ 0.50	1.3 ~ 2.0	1.0 ~ 1.5
>40 ~ 60	1.3 ~ 2.8	1.0 ~ 2.3	3.2 ~ 6.4	2.1 ~ 4.2	0.7 ~ 0.9	—	1.6 ~ 2.4	1.25 ~ 1.8
>60 ~ 80	1.5 ~ 3.2	1.2 ~ 2.6	3.75 ~ 7.5	2.6 ~ 5.0	0.9 ~ 1.2	—	2.0 ~ 3.0	1.5 ~ 2.2

注：1. 表内进给量用于加工通孔。加工不通孔时进给量应取为 0.2 ~ 0.5mm/r。

2. 最大进给量用于在钻或扩孔之后、精铰孔之前的粗铰孔。

3. 中等进给量用于：粗铰后，精铰公差等级为 IT7 的孔；精镗后，精铰公差等级为 IT7 的孔；对于硬质合金铰刀，用于精铰公差等级为 IT9，Ra 为 0.8 ~ 0.4μm 的孔。

4. 最小进给量用于：抛光或珩磨之前的精铰孔；用一把铰刀铰削公差等级为 IT9 的孔；对于硬质合金铰刀，用于精铰公差等级为 IT7，Ra 为 0.4 ~ 0.2μm 的孔。

表 3-19　高速钢铰刀铰削碳钢、合金钢及铝合金的切削速度 （单位：m/min）

精　　铰

公差等级	表面粗糙度 $Ra/\mu m$	切削速度
IT7 ~ IT8	3.2 ~ 1.6	2 ~ 3
	6.3 ~ 3.2	4 ~ 5

粗　　铰

d/mm		10	15	20	25	30	40	50	60	80
a_p/mm		0.075	0.1	0.125	0.125	0.125	0.15	0.15	0.2	0.25
$f/mm \cdot r^{-1}$	0.8	14.0	11.4	11.9	10.7	11.4	10.6	10.0	9.4	8.6
	1.0	12.1	9.8	10.2	9.3	9.9	9.2	8.7	8.1	7.5
	1.2	10.8	8.7	9.1	8.3	8.7	8.0	7.7	7.2	6.6
	1.4		8.1	8.2	7.5	7.8	7.4	7.0	6.5	6.0
	1.6		7.2	7.6	6.9	7.2	6.6	6.4	6.0	5.5
	1.8		6.8	7.0	6.3	6.7	6.3	5.9	5.5	5.1
	2.0		6.2	6.5	5.9	6.2	5.9	5.5	5.2	4.8
	2.2					5.8	5.5	5.2	4.8	4.5
	2.5					5.5	5.0	4.8	4.5	4.1

表 3-20　高速钢铰刀粗铰灰铸铁（195HBW）的切削速度 （单位：m/min）

d/mm		5	10	15	20	25	30	40	50	60	80
a_p/mm		0.05	0.075	0.1	0.125	0.125	0.125	0.15	0.15	0.2	0.25
$f/mm \cdot r^{-1}$	0.8	14.9	14.1	12.6	13.1	11.6	12.1	11.5	11.5	10.7	10.0
	1.0	13.3	12.6	11.2	11.7	10.4	10.8	10.3	10.0	9.6	8.9
	1.2	12.2	11.5	10.3	10.7	9.5	9.8	9.4	9.2	8.7	8.1
	1.4	11.3	10.7	9.5	9.9	8.8	9.1	8.7	8.5	8.1	7.5
	1.6	10.6	10.0	8.9	9.2	8.2	8.5	8.1	7.9	7.6	7.1
	1.8	9.9	9.4	8.4	8.7	7.7	8.0	7.6	7.6	7.1	6.7
	2.0	9.4	8.9	8.0	8.3	7.4	7.6	7.3	7.1	6.8	6.3
	2.5				7.4	6.6	6.8	6.5	6.3	6.1	5.6
	5						4.8	4.6	4.5	4.3	4.0

表 3-21　高速钢铰刀精铰铸铁件（195HBW）及铜合金件的最大切削速度

（单位：m·min^{-1}）

工 件 材 料	表面粗糙度 Ra/μm	
	6.3～3.2	3.2～1.6
铸铁	8	4
可锻铸铁	15	8
铜合金	15	8

表 3-22　硬质合金铰刀的切削用量

加工孔径/mm	铸　铁		钢（铸钢）	
	v_c/m·min^{-1}	f/mm·r^{-1}	v_c/m·min^{-1}	f/mm·r^{-1}
6～10	50～80	0.5～1.5	60～90	0.5～1.0
10～20	50～75	0.8～2.0	65～85	0.8～1.5
20～40	45～70	1.0～3.0	60～80	1.0～2.0
40～60	40～65	1.5～4.0	55～75	1.5～3.0
>60	40～60	2.0～5.0	50～70	2.0～4.0

注：1. 按表内切削用量粗铰，可得到公差等级为 IT9 的孔。

　　2. 按表内切削用量精铰，可得到公差等级为 IT7 的孔。

表 3-23　在组合机床上用高速钢铰刀铰孔的切削用量

加工孔径/mm	铸　铁		钢（铸钢）	
	v_c/m·min^{-1}	f/mm·r^{-1}	v_c/m·min^{-1}	f/mm·r^{-1}
6～10		0.30～0.50		0.30～0.40
10～15	2～6	0.50～1.00	1.2～5	0.40～0.50
15～40		0.80～1.50		0.40～0.60
40～60		1.20～1.80		0.50～0.60

注：用硬质合金刀具加工铸铁时，v_c = 8～10m/min；加工铝件时，v_c = 12～20m/min。

五、思考与练习

1. 镗刀的种类有哪些？

2. 镗削与铰削时如何选择切削用量？

模块 3　镗铣类数控工具系统

一、教学目标

最终目标：会选择数控工具系统。

促成目标：熟悉镗铣类数控工具系统。

二、案例分析

如附图所示的 LK32-20011 主轴箱箱体，企业实际加工时使用 SANCO 卧式镗铣中心，其主轴锥孔采用的锥度标准是 MAS403BT。MAS403BT 有 BT30、BT40 及 BT50 三种规格。每种主轴都有对应的工具系统，主要包括拉钉、长变种接杆，连接刀柄，镗、铣刀柄，莫氏锥孔刀柄，钻夹头刀柄，攻螺纹夹头刀柄，以及钻孔、铰孔、扩孔等刀柄，这些刀柄及刀具可根据各工具厂提供的样本进行选择。目前，MAS403BT 工具系统应用广泛。

三、相关知识点

1. 镗铣类数控工具系统简介

镗铣类数控工具系统是镗铣床主轴与刀具之间的各种连接刀柄的总称，其主要作用是连接主轴与刀具，使刀具达到要求的位置与精度，传递切削所需的转矩，以及保证刀具的快速更换。不仅如此，有时工具系统中的某些工具还要适应刀具切削中的特殊要求（如丝锥的转矩保护及前后浮动等）。工作时，刀柄按工艺顺序先后装在主轴上，随主轴一起旋转，工件固定在工作台上做进给运动。

镗铣类数控工具系统按结构可分为整体式结构（TSG）工具系统和模块式结构（TMG）工具系统两大类。

整体式结构数控工具系统中，每把工具的柄部与夹持刀具的工作部分连成一体，不同品种和规格的工作部分都必须加工出一个能与机床相连接的柄部，这使得工具的规格、品种繁多，给生产、使用和管理带来诸多不便。

为了克服整体式工具系统的弱点，20 世纪 80 年代以来，相继出现了多种多样的模块式工具系统。模块式工具系统克服了整体式工具系统的不足之处，显示出其经济、灵活、快速及可靠的特点，它既可用于加工中心和数控镗铣床，又可用于柔性加工系统（FMS 和 FMC）。

2. 整体式工具系统

整体式工具系统是专门为加工中心和镗铣类数控机床配套的工具系统，也可用于普通镗铣床。它的特点是，将锥柄和接杆连成一体，不同品种和规格的工作部分都必须带有与机床相连的柄部。其优点是结构简单，整体刚性强，使用方便，工作可靠，更换迅速等；缺点是锥柄的品种和数量较多。图 3-17 所示为我国的 TSG82 工具系统，选用时一定要按图示进行配置。

（1）工具系统型号的表示方法　工具系统的型号由五个部分组成，其表示方法如下：

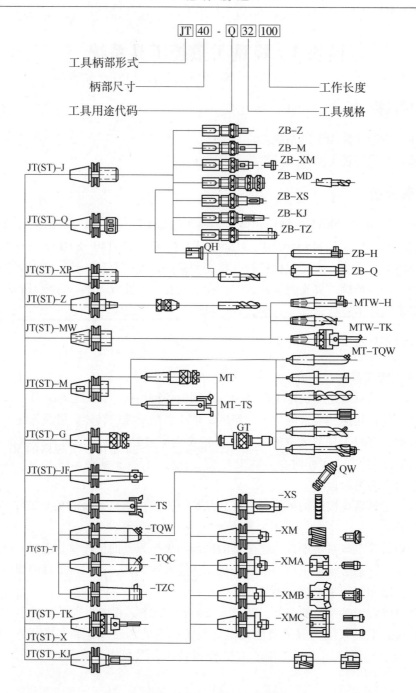

图 3-17　TSG82 工具系统

1）工具柄部形式。工具柄部一般采用 7∶24 圆锥柄。刀具生产厂家主要提供五种标准的自动换刀刀柄：GB/T 10944—2006，ISO 7388/1-A，DIN 69871-A，MAS403BT，以及 ANSI B5.50 和 ANSI B5.50CAT。其中，GB/T 10944—2006、ISO 7388/1-A 和 DIN 69871-A 是等效的。而 ISO 7388/1-B 为中心通孔内冷却型。另外，GB/T 3837—2001、ISO 2583 和 DIN 2080 标准为手动换刀刀柄，用于数控机床手动换刀。

常用的工具柄部形式有 JT、BT 和 ST 三种，它们可直接与机床主轴连接。JT 表示采用国际标准 ISO 7388 制造的加工中心用锥柄柄部（带机械手夹持槽）；BT 表示采用日本标准 MAS403 制造的加工中心用锥柄柄部（带机械手夹持槽）；ST 表示按 GB/T 3837—2001 制造的数控机床用锥柄（无机械手夹持槽）。

镗刀类刀柄自己带有刀头，可用于粗镗或精镗。有的刀柄则需要接杆或标准刀具才能组装成一把完整的刀具；XH、ZB、MT 和 MTW 分别为四类接杆。接杆的作用是改变刀具长度。TSG 工具柄部形式见表 3-24。

表 3-24　TSG 工具柄部形式

代号	工具柄部形式	类别	标　　准	柄部尺寸
JT	加工中心用锥柄，带机械手夹持槽	刀柄	GB/T 10944—2006	ISO 锥度号
XT	一般镗铣床用工具柄部	刀柄	GB/T 3837—2001	ISO 锥度号
ST	数控机床用锥柄，无机械手夹持槽	刀柄	GB/T 3837—2001	ISO 锥度号
MT	带扁尾莫氏圆锥工具柄	接杆	GB/T 1443—2016	莫氏锥度号
MW	不带扁尾莫氏圆锥工具柄	接杆	GB/T 1443—2016	莫氏锥度号
XH	7:24 锥度的锥柄接杆	接杆		锥柄锥度号
ZB	直柄工具柄	接杆	GB/T 6131—2006	直径尺寸

2）柄部尺寸。柄部形式代号后面的数字为柄部尺寸，对于锥柄，其表示相应的 ISO 锥度号；对于圆柱柄，其表示直径。7:24 锥柄的锥度号有 25、30、40、45、50 和 60 等。如 50 和 40 分别代表大端直径为 ϕ69.85mm 和 ϕ44.45mm 的 7:24 锥度。大规格的 50、60 号锥柄适用于重型切削机床，小规格的 25、30 号锥柄适用于高速轻型切削机床。

3）工具用途代码。用代码表示工具的用途，如 XP 表示装削平型铣刀刀柄。TSG82 工具系统用途的代码和意义见表 3-25。

表 3-25　TSG82 工具系统用途的代码和意义

代码	代码的意义	代码	代码的意义	代码	代码的意义
J	装接长刀杆用锥柄	KJ	用于装扩，铰刀	TF	浮动镗刀
Q	弹簧夹头	BS	倍速夹头	TK	可调镗刀
KH	7:24 锥柄快换夹头	H	倒锪端面刀	X	用于装铣削刀具
Z（J）	装钻夹头刀柄(莫氏锥度加J)	T	镗孔刀具	XS	装三面刃铣刀
MW	装无扁尾莫氏锥柄刀具	TZ	直角镗刀	XM	装套式面铣刀
M	装有扁尾莫氏锥柄刀具	TQW	倾斜式微调镗刀	XDZ	装直角面铣刀
G	攻螺纹夹头	TQC	倾斜式粗镗刀	XD	装面铣刀
C	切内槽工具	TZC	直角形粗镗刀	XP	装削平型直柄刀具

4）工具规格。用途代码后的数字表示工具的规格，其含义随工具的不同而不同。对于有些工具，该数字表示其轮廓尺寸 D 或 L；对于有些工具，该数字表示其应用范围。

5）工作长度。表示工具的设计工作长度（锥柄大端直径处到端面的距离）。

（2）7:24 锥柄标准形式（见表 3-26～表 3-29）

表 3-26　JT 锥柄标准形式

型号	国际标准 ISO 7388/1-A、德国标准 DIN 69871-A、中国标准 GB/T 10944—2006

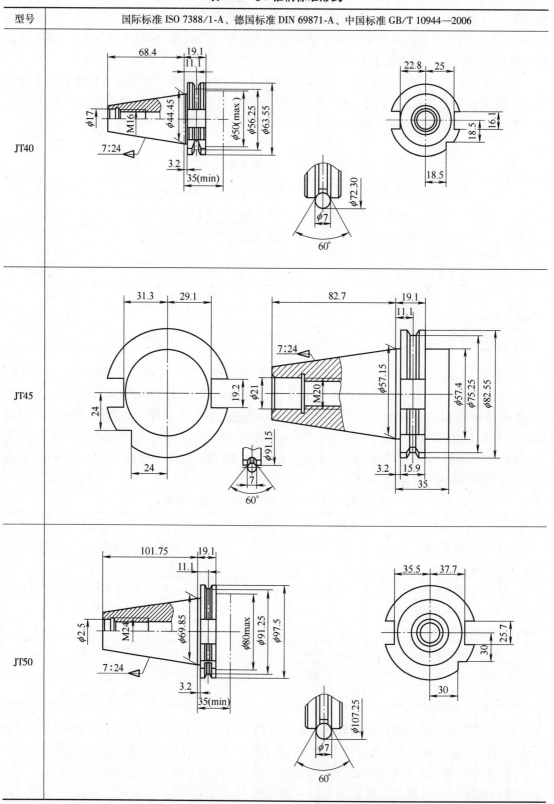

型号：JT40、JT45、JT50

表 3-27　BT 锥柄标准形式

型号	日本标准 MAS403BT
BT40	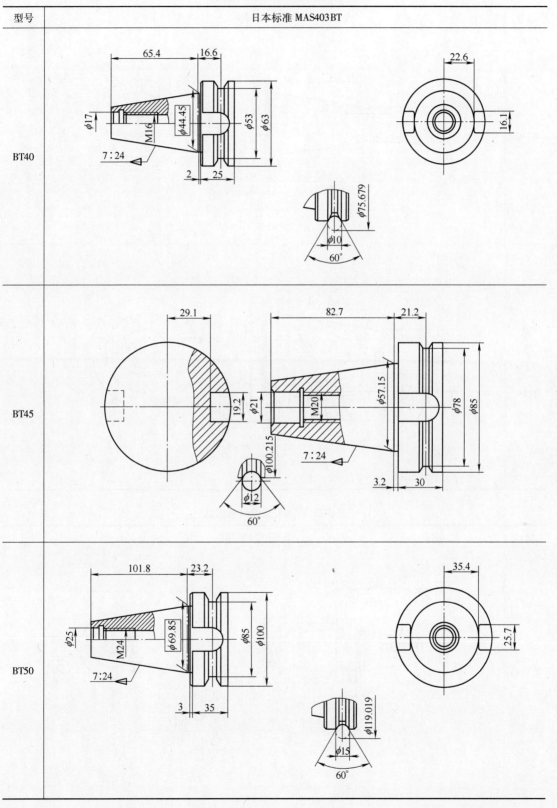
BT45	
BT50	

表 3-28　ST 锥柄标准形式

型号	DIN 2080
ST40	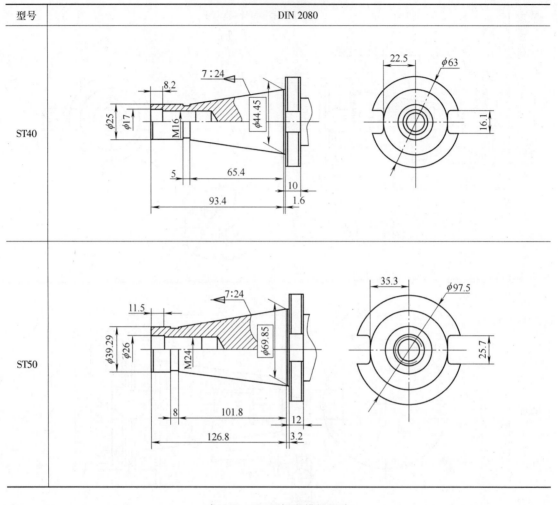
ST50	

表 3-29　CAT 标准锥柄形式

型号	ANSI B5. 50CAT
CAT30	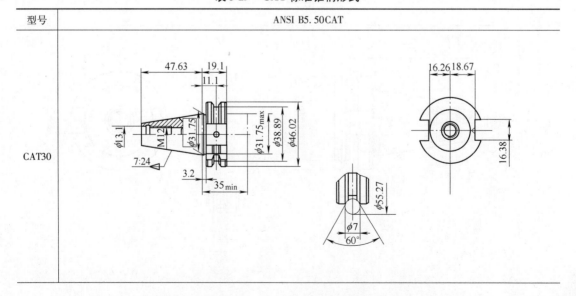

（续）

型号	ANSI B5. 50CAT
CAT40	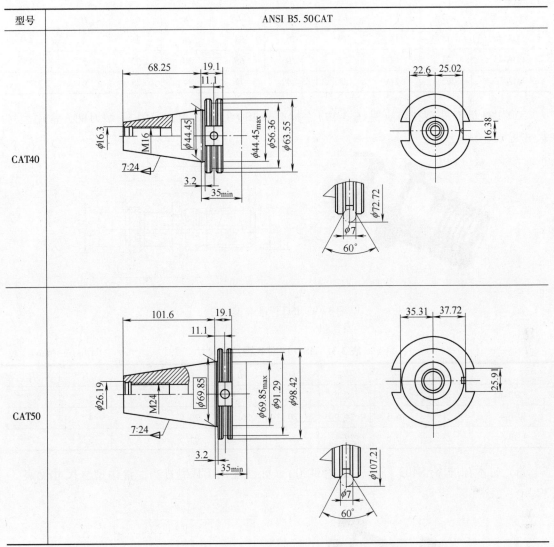
CAT50	

（3）拉钉的相关标准

1）ISO 标准 A 型拉钉（见图 3-18）。标准号 ISO 7388/2-A，配用 JT 型刀柄，常用型号尺寸见表 3-30。

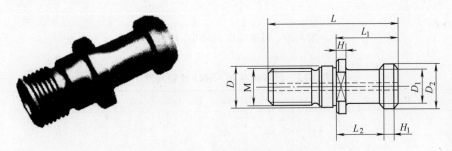

图 3-18　ISO 标准 A 型拉钉

表 3-30　ISO 标准 A 型拉钉尺寸　　　　　　　（单位：mm）

型　号	D	D_1	D_2	M	L	L_1	L_2	H	H_1
LDA-40	17	14	19	16	54	26	20	4	4
LDA-45	21	17	23	20	65	30	23	5	5
LDA-50	25	21	28	24	74	34	25	6	7

2）ISO 标准 B 型拉钉（见图 3-19）。标准号 ISO 7388/2-B，配用 JT 型刀柄，常用型号尺寸见表 3-31。

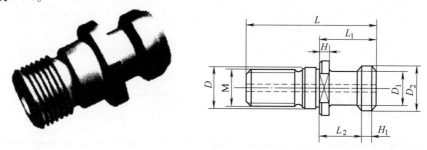

图 3-19　ISO 标准 B 型拉钉

表 3-31　ISO 标准 B 型拉钉尺寸　　　　　　　（单位：mm）

型　号	D	D_1	D_2	M	L	L_1	L_2	H	H_1
LDB-40	17	12.9	18.9	16	44.5	16.4	11.1	3.2	1.7
LDB-45	21	16.3	24.0	20	56.0	20.9	14.8	4.2	2.2
LDB-50	25	19.6	29.1	24	66.5	25.5	17.9	5.2	2.7

3）日本标准 MAS403 拉钉（见图 3-20）。标准配用 BT 型刀柄，常用型号尺寸见表 3-32。

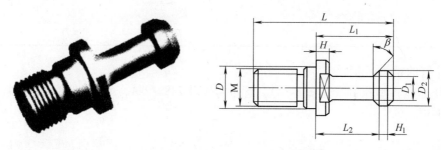

图 3-20　日本标准 MAS403 拉钉

表 3-32　日本标准 MAS403 拉钉尺寸　　　　　　　（单位：mm）

型　号	D	D_1	D_2	M	L	L_1	L_2	H	H_1	β
LDA-40BT	17	10	15	16	60	35	28	6	3	45°
LDB-40BT										30°

（续）

型　号	D	D_1	D_2	M	L	L_1	L_2	H	H_1	β
LDA-45BT	21	14	19	20	70	40	31	8	4	45°
LDB-45BT										30°
LDA-50BT	25	17	23	24	85	45	35	10	5	45°
LDB-50BT										30°

4）德国标准 DIN 69872 拉钉（见图 3-21）。标准配用 JT 型刀柄，常用型号尺寸见表 3-33。

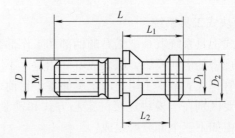

图 3-21　德国标准 DIN 69872 拉钉

表 3-33　德国标准 DIN 69872 拉钉尺寸　　　　（单位：mm）

型　　号	D	D_1	D_2	M	L	L_1	L_2
LD-40D	17	14	19	16	54	26	20
LD-45D	21	17	23	20	65	30	23
LD-50D	25	21	28	24	74	34	25

（4）ER 型卡簧（DIN 6499，见图 3-22）　采用 ER 型卡簧，夹紧力不大，适于夹持直径在 $\phi16$mm 以下的铣刀，其尺寸见表 3-34。直径在 $\phi16$mm 以上的铣刀应采用夹紧力较大的 KM 型卡簧（见图 3-23）。

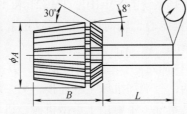　　　　

图 3-22　ER 型卡簧　　　　　　　　　　　图 3-23　KM 型卡簧

表 3-34　ER 型卡簧（DIN6499）**尺寸**　　　　（单位：mm）

型　　号	尺寸系列		夹持精度	
	ϕA	B	测量点悬伸长度 L	精　　度
ER08	8.5	13.5	6	0.015
ER11	11.5	18	10	0.015

（续）

尺 寸 系 列			夹 持 精 度	
型　　号	ϕA	B	测量点悬伸长度 L	精　　度
ER16	17	27	16	0.015
ER20	21	31	25	0.02
ER25	26	35	40	0.02
ER32	33	40	50	0.02
ER40	41	46	60	0.02
ER50	52	60		

3. 模块式工具系统

模块式工具系统就是把工具的柄部和工作部分分割开来，制成各种系列化的模块，然后经过不同规格的中间模块，组装成不同用途、不同规格的模块式工具，既方便制造，也方便使用和保管，大大减少了用户的工具储备。目前，世界上的模块式工具系统有几十种，它们之间的主要区别在于模块连接的定心方式和锁紧方式不同。然而，不管哪种模块式工具系统，都是由如下三个部分所组成：

1）主柄模块——直接与机床主轴连接的工具模块。

2）中间模块——加长工具轴向尺寸及变换连接直径的工具模块。

3）工作模块——装夹各种切削刀具的模块。

图 3-24 所示为国产镗铣类模块式 TMG 工具系统图谱。

（1）模块式工具系统的类型及特点　国内镗铣类模块式工具系统可用汉语"镗铣类""模块式""工具系统"三个词组的大写拼音字头"TMG"来表示。为了区别各种不同结构的模块式工具系统，在"TMG"之后加上两位数字，以表示结构的特征。前面的一位数字（即十位数字）表示模块连接的定心方式：1——短圆锥定心，2——单圆柱面定心，3——双键定心，4——端齿啮合定心，5——双圆柱面定心。后面的一位数字（即个位数字）表示模块连接的锁紧方式：0——中心螺钉拉紧，1——径向销钉锁紧，2——径向模块锁紧，3——径向双头螺栓锁紧，4——径向单侧螺钉锁紧，5——径向两螺钉垂直方向锁紧，6——螺纹连接锁紧。国内常见的镗铣类模块式工具系统有 TMG10、TMG21 和 TMG28 等。

1）TMG10 模块式工具系统。采用短圆锥定心，轴向用中心螺钉拉紧，主要用于工具组合后不经常拆卸或加工件具有一定批量的情况。

2）TMG21 模块式工具系统。采用单圆柱面定心，径向销钉锁紧。其一部分为孔，另一部分为轴，两者插入连接构成一个刚性刀柄，一端和机床主轴连接，另一端则用于安装各种可转位刀具，这样便构成了一个先进的工具系统，主要用于重型机械、机床等行业。

3）TMG28 模块式工具系统。我国研发的新型工具系统，采用单圆柱面定心，模块接口锁紧方式采用与前述 0～6 不同的径向锁紧方式（用数字"8"表示）。TMG28 工具系统互换性好，连接的重复精度高，模块组装、拆卸方便，模块之间的连接牢固可靠，结合刚度好。该系统主要适用于高效切削刀具（如可转位浅孔钻、扩孔钻和双刃镗刀等），其模块接口结构如图 3-25 所示，在模块接口凹端部分，装有锁紧螺钉和固定销两个零件；在模块接口凸端部分，装有锁紧滑销、限位螺钉和端键等零件，限位螺钉的作用是防止锁紧滑销脱落和转动；模块前端有一段鼓形的引导部分，以便于组装。由于靠单圆柱面定心，因此圆柱配合间

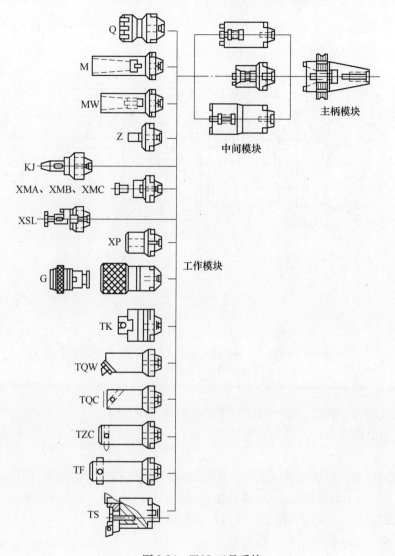

图 3-24　TMG 工具系统

隙非常小。

（2）模块式工具系统型号的表示方法　为了便于书写和订货，也为了区别各种不同结构接口，模块式工具系统型号的表达内容依次为：模块接口形式、模块所属种类、用途或有关特征参数，具体表示方法如下：

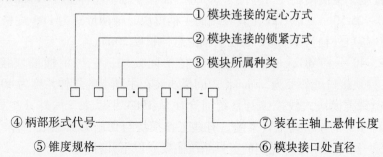

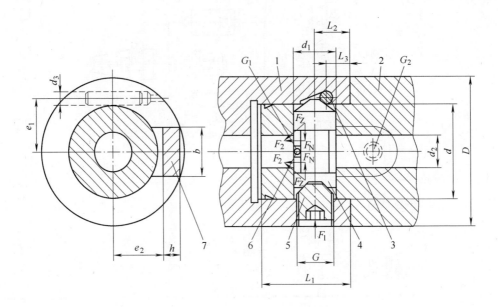

图 3-25 TMG28 模块接口结构示意

1—模块接口凹端 2—模块接口凸端 3—固定销 4—锁紧滑销
5—锁紧螺钉 6—限位螺钉 7—端键

①模块连接的定心方式，即类型代号的十位数字（0～5）。

②模块连接的锁紧方式，即类型代号的个位数字，一般为 0～6，TMG28 锁紧方式代号为 8。

③模块所属种类。模块类别标志，一共有 5 种：A——标准主柄模块，AH——带冷却环的主柄模块，B——中间模块，C——普通工作模块，CD——带刀具的工作模块。

④柄部形式代号，表示锥柄形式，如 JT、BT 和 ST 等。

⑤锥度规格，表示柄部尺寸（锥度号）。

⑥模块接口处直径，表示主柄模块和刀具模块接口处外径。

⑦装在主轴上悬伸长度，指主柄圆锥大端直径至前端面的距离或者是中间模块前端到其与主柄模块接口处的距离。

示例：

28A·ISOJT50·80-70——TMG28 工具系统的主柄模块，主柄柄部符合 ISO 标准，规格为 50 号 7:24 锥度，主柄模块接口外径为 80mm，装在主轴上悬伸长度 70mm。

21A·JT40·25-50——TMG21 工具系统的主柄模块，锥柄形式为 JT，规格为 40 号 7:24 锥度，主柄模块接口外径为 25mm，装在主轴上悬伸长度 50mm。

21B·32/25-40——TMG21 工具系统的变径中间模块，它与主柄模块接口处外径为 32mm，与刀具模块接口处外径为 25mm，中间模块装在主轴上的悬伸长度为 40mm。

（3）国外镗铣类模块式数控工具系统简介 从 1984 年以来，国外（主要是德国、瑞典）开发了多种多样的模块式工具系统。有些工作模块与切削刀具做成一体（成为带有刀具的工作模块），国外属于这种类型的工具系统主要有以下几种：

1) NOVEX 工具系统。NOVEX 工具系统是由德国 WALTER 公司开发的，其接口形式为圆锥定心，锥孔、锥体与所在模块同轴，轴线上用螺钉拉紧。锥孔锥角略大于锥体锥角，结合时小端接触，拉紧后接触区会产生弹性变形，直至端面贴合，压紧为止。因采用轴向拉紧，所以使用时组装不太方便。WALTER 公司于 1989 年又推出径向锁紧的 NOVEX-RADIAL 结构。

2) ABS 工具系统。ABS 工具系统是由德国 KOMET 公司开发的，其接口形式为两模块之间有一段圆柱配合，起定心作用。靠螺钉与夹紧销轴线之间的偏心达到轴向压紧的目的。

KOMET 公司于 1990 年又将 ABS 工具系统做了少许改动，申请了新的专利。其核心内容是改进了配合孔壁厚，以增加径向夹紧销轴向受力时孔的弹性，从而增加配合部位的轴与孔的公差带宽度。这样，夹紧后套筒在滑动轴线的横向上，由于弹性变形局部直径变小而压向配合轴所对应的区域。

3) WIDAFLEX UTS（美国称之为 KM）工具系统。WIDAFLEX UTS 工具系统是由德国 KRUPP 公司与美国 KENNAMETAL 公司合作开发的一种新的工具系统，其接口采用圆锥定心（锥角 5°43′），通过端面压紧来保证轴向定位精度，并加大刚度。

4) MC 工具系统。MC 工具系统是由德国 HERTEL 公司于 1989 年开发的，其接口的定心方式与 ABS 相同，夹紧方式相仿，把锥面、锥孔接触改为可转动钢球与夹紧销斜面的面接触。为了弥补轴向夹紧分力小的弱点，在接触的环形端面上做出 Hirth 齿（Hertel 公司 FTS 系统的成熟技术），其中间的夹紧销用硬质合金制造。

5) VARILOCK 工具系统。VARILOCK 工具系统是由瑞典 SANDVIK 公司于 1980 年研制成的轴向拉紧工具系统。它是双圆柱配合，起导向及定心作用。用中心螺钉拉紧，模块装卸显得不太方便。1988 年该公司研制出径向锁紧的 VARI LOCK 工具系统。

6) CAPTO 工具系统。CAPTO 工具系统是由瑞典 SANDVIK 公司于 1990 年开发的，定心采用弧面的三棱锥，夹紧是从三棱锥内部拉紧，使端面紧密贴合。这种接口刚度好，传递转矩大，但对制造设备要求高。这种工具系统可用于车削，也可用于镗铣加工，是一种万能型的工具系统。

四、相关实践知识

尽管模块式工具系统有适应性强，通用性好，以及便于生产、使用和保管等许多优点，但并不是说整体式工具系统将全部被取代，也不能说都改用模块式组合刀柄就最合理。正确的做法是根据具体加工情况来确定使用哪种结构。若只满足一项固定的工艺要求（如钻一个 $\phi30mm$ 的孔），一般只需配一个通用的整体式刀柄即可，选用模块式组合结构经济上并不合算。只有在要求加工的品种很多时，采用模块式结构才是合算的。精镗孔往往要求长短不一的许多镗杆，应优先考虑选用模块式结构，而在铣削箱体外轮廓平面时，以选用整体式刀柄为最佳。对于已拥有多台数控镗铣床、加工中心的厂家，尤其是这些机床要求使用不同标准、不同规格的工具柄部时，选用模块式工具系统将更经济。因为除了主柄模块外，其余模块可以互相通用，这样就减少了工具储备，提高了工具的利用率。至于选用哪种模块式工具系统，应考虑以下几个方面：

1) 模块接口的连接精度、刚度要能满足使用要求。例如，Rotaflex 工具系统用于精加工效果很好，但对于既要粗加工又要精加工的情况，该系统就不是最佳选择，在刚度和拆卸方面都会出现问题。

2）若选用国外公司开发的工具系统，应了解其在国内的生产、销售情况，除非多年来一直采用某一国外系统，需要补充购买配套结构的模块式工具外，初次选用模块式工具的企业最好选用我国独立开发的新型模块式工具系统，目前，我国独立开发的新型模块接口，其连接精度、动刚度、使用方便性等均已达到较高水平。

3）在机床上使用时，模块接口是否需要拆卸。重型工业应用模块式工具系统时，往往只需更换前部工作模块，故要选用侧紧式结构，而不能选用中心螺钉拉紧结构。若模块之间不需要拆卸，而是作为一个整体在刀库和主轴之间重复装卸使用，中心螺钉拉紧方式的工具系统因其锁紧可靠、结构简单，比较实用。

五、思考与练习

镗铣类数控工具系统的种类有哪些？

模块 4　常用箱体孔镗削加工夹具的选用与设计

一、教学目标

最终目标：能对简单的箱体孔镗削加工夹具进行设计。

促成目标：

1）会选用和设计镗削夹具的定位装置。

2）会选用和设计镗削夹具的夹紧装置。

3）会设计镗削夹具。

二、案例分析

一般的箱体零件都包含若干组孔，每组孔之间的位置度、同轴度要求相对较高，在没有数控加工设备的情况下，单靠设备本身来保证比较困难，效率也低，要想批量生产，没有专用夹具是不可想象的。因此，精加工箱体类零件都需要夹具。

下面简单介绍附图所示 LK32-20011 主轴箱箱体在普通镗床上进行孔加工时使用的镗模的设计步骤。

1）确定镗模形式。主轴箱箱体主要有三组孔，每两组孔之间的中心距公差为 0.054mm，只依靠在普通镗床上加工以满足要求是比较困难的，故要考虑增加固定支承。另外，一组孔中的加工跨度达 300mm，依靠单支承显然行不通，故要选择双支承的镗模。但是一侧孔为三组，而另一侧为两组，两组同轴孔可以使用双支承，单侧孔 $\phi 47^{+0.024}_{-0.015}$ mm 孔只能采用单支承。

2）选择定位基准面。对于 LK32-20011 主轴箱箱体，设计夹具时选择定位基准应是比较简单的，它的形状比较规则，可用设计基准 A、B 作为定位基准。另外，增加前端面作为定位基准来控制轴向尺寸。

3）选择镗杆与镗套的结合方式。这是设计镗模最主要的环节之一，它决定着待加工零件的精度和镗模的寿命。一般将镗杆进行热处理，镗套镶黄铜或内嵌 SF-2 材料等。目前在企业中，内嵌一层 SF-2 材料的方式较多。

4）选择工件的夹紧方式。加工 LK32-20011 主轴箱箱体使用的夹具，加工的效率要求不高，装夹采用最简单手动螺母夹紧就可以了。

5）镗刀与浮动铰刀的选择。由于图样中有三处孔是阶梯孔，故应选用不通孔镗刀和不通孔铰刀。

三、相关知识点

1. 镗模的组成

图 3-26 所示为加工车床尾架孔用的镗模。镗模的两个支承分别设置在刀具的前方和后方，镗杆 9 和主轴浮动连接。工件以底面槽及侧面在定位板 3、4 及可调支承钉 7 上定位，采用联动夹紧机构，拧紧夹紧螺钉 6，压板 5、8 同时将工件夹紧。镗模支架 1 上用回转镗套 2 来支承和引导镗杆。镗模以底面 A 安装在机床工作台上，其位置用 B 面找正。可见，一般镗模是由定位元件、夹紧装置、导向元件（镗套）和夹具体（镗模支架和镗模底座）四部分组成。

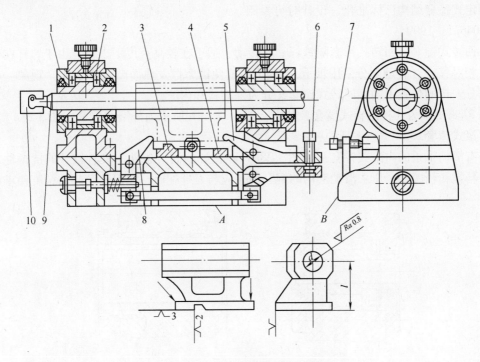

图 3-26 镗车床尾架孔镗模

1—支架 2—镗套 3、4—定位板 5、8—压板 6—夹紧螺钉
7—可调支承钉 9—镗杆 10—浮动接头

2. 镗削夹具的设计要点

（1）镗套

1）镗套的结构。镗模和钻模一样，是依靠导向元件——镗套来引导镗杆（也可引导扩孔钻或铰刀）从而保证被加工孔的位置精度。镗孔的位置精度可不受机床精度的影响（镗

杆和机床主轴采用浮动连接），而主要取决于镗套的位置精度和结构的合理性。同时，镗套的结构对于被镗孔的形状精度、尺寸精度及表面粗糙度都有影响。

常用的镗套有固定式和回转式两种结构。设计时，可根据工件的不同加工要求和加工条件进行选择。

①固定式镗套。如图 3-27 所示，固定式镗套的外形尺寸小，结构紧凑，制造简单，易获得高的位置精度，所以一般在扩孔、镗孔或铰孔中应用较多。由于镗套固定在镗模的支架上，不随镗杆转动和移动，而镗杆在镗套中既有相对转动又有相对移动，镗套易于磨损，故只适于在低速的情况下工作，且应采取有效的润滑措施。

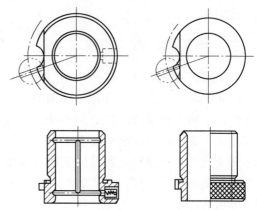

固定式镗套材料常采用青铜，大直径的也可用铸铁。

固定式镗套结构已标准化，设计时可参阅JB/T 8046.1—1999。

图 3-27　固定式镗套

②回转式镗套。回转式镗套随镗杆一起转动，适于在较高速度下工作。由于镗杆在镗套内只做相对移动（转动部分采用轴承），因而可避免因摩擦发热而产生"卡死"现象。根据回转部分安排的位置不同，回转式镗套又分为外滚式和内滚式。

图 3-28 所示为几种回转式镗套，其中，图 3-28a、b 所示为外滚式镗套，图 3-28c、d 所示为内滚式镗套。

装有滑动轴承的内滚式镗套（见图 3-28c）在良好的润滑条件下具有较好的抗振性，常用于半精镗和精镗孔。压入滑动套内的铜套内孔应与刀杆配研，以保证较高的精度要求。

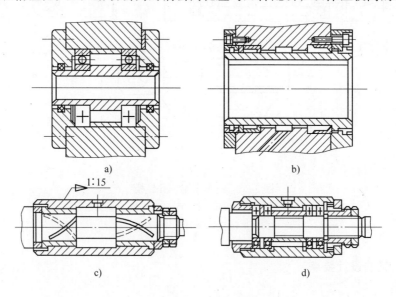

a)

b)

1:15

c)

d)

图 3-28　回转式镗套

a)、b) 外滚式　c)、d) 内滚式

2) 镗套的布置形式。镗套的布置形式主要根据被加工孔的直径 D、孔长与孔径的比值 L/D 和精度要求而定，一般有以下四种形式：

①单支承后引导。当 $D < 60$mm 时，常将镗套布置在刀具加工部位的后方（即机床主轴和工件之间）。当加工 $L < D$ 的通孔或小型箱体的不通孔时，应采用图 3-29b 所示的布置方式（$d > D$），这种方式的刀杆刚度很大，加工精度高，且用于立镗时无切屑落入镗套。当加工 $L > (1 \sim 1.25) D$ 的通孔或不通孔时，应采用图 3-29c 所示的布置方式（$d < D$），这种方式使刀具与镗套的垂直距离 h 大大减小，提高了刀具的刚度。镗套的长度（相当于钻套高度）H 应根据镗杆导向部分的直径 d 来选取，一般取 $H = (2 \sim 3) d$。镗套距工件孔的距离 h 要根据更换刀具及排屑等要求而定。如果在立式镗床上使用时，与钻模相似，h 值可参考钻模的情况确定。在卧式镗床、组合机床上使用时，常取 $h = 60 \sim 100$mm。

②单支承前引导。镗削直径 $D > 60$mm，且 $L/D < 1$ 的通孔或小型箱体上单向排列的同轴线通孔时，常将镗套（及其支架）布置在刀具加工部位的前方，如图 3-29a 所示。这种方式便于在加工中进行观察和测量，特别适合锪平面或攻螺纹的工序。其缺点是切屑易进入镗套中。为了便于排屑，一般取 $h = (0.5 \sim 1) D$，但不应小于 20mm。镗套长度 H 的选取与单支承后引导方式相同。

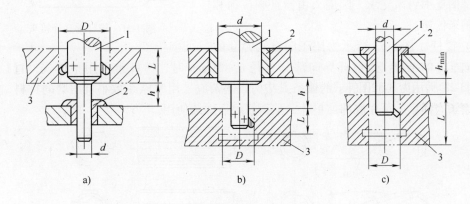

图 3-29　单支承引导
a) 单支承前引导　b) 单支承后引导（$d > D$）　c) 单支承后引导（$d < D$）
1—镗杆　2—镗套　3—工件

③双支承前后引导。如图 3-30a 所示，导向支架分别装在工件两侧。镗削长度 $L > 1.5D$ 的通孔，且加工孔径较大，或排列在同一轴线上的几个孔，并且其位置精度也要求较高时，宜采用双支承前后引导。这种方式的缺点是镗杆较长，刚度差，更换刀具不方便。图中的后引导是采用内滚式镗套，前引导采用的是外滚式镗套。这两种滚动轴承所构成的回转式镗套的长度可按 $H = 0.75d$ 的关系和结构情况选取。若采用固定式镗套，可按 $H = (1.5 \sim 2) d$ 来选取。

④双支承后引导。在某些情况下，因条件限制不能使用前后双引导时，可在刀具后方布置两个镗套，如图 3-30b 所示。这种布置方式装卸工件方便，更换镗杆容易，便于观察和测量，较多应用于大批生产中。由于镗杆在受切削力时呈悬臂状，为了提高刀具的刚度，一般镗杆外伸端应满足 $L_1 < 5d$。

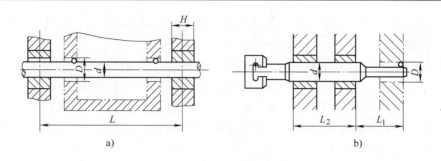

图 3-30　双支承引导

a）双支承前后引导　b）双支承后引导

　　不论单面双支承还是双面单支承，布置的两镗套一定要同轴，且镗杆与机床主轴之间应采用浮动连接。镗模与机床浮动连接的形式很多，图 3-31 所示为常用的一种形式。浮动连接应能自动调节，以补偿角度偏差和位移量，否则将失去浮动的效果，影响加工精度。轴向切削力由镗杆端部和镗套内部的支承钉来支承，圆周力由镗杆联接销和镗套横槽来传递。

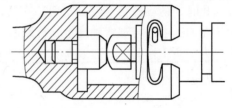

图 3-31　镗杆浮动连接头

　　（2）镗杆　图 3-32 所示为用于固定式镗套的镗杆导向部分的结构。当镗杆导向部分直径 $d < 50\text{mm}$ 时，镗杆常采用整体式；直径 $d > 50\text{mm}$ 时，常采用图 3-32d 所示的镶条式结构。镶条应采用摩擦系数小且耐磨的材料，如铜或钢。镶条磨损后，可在底部加垫片，重新修磨后继续使用。

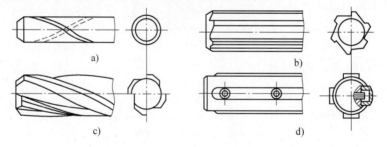

图 3-32　镗杆导向部分结构

　　图 3-33 所示为用于外滚式回转镗套的镗杆引进结构。图 3-33a 所示镗杆前端设置有平键，键下装有压缩弹簧，键的前部有斜面，适用于开有键槽的镗套。无论镗杆以何位置进入导套，平键均能自动进入键槽，带动镗套回转。图 3-33b 所示镗杆上开有键槽，其头部做成螺旋引导结构，其螺旋角应小于 45°，以便镗杆引进后使键顺利进入槽内。

　　确定镗杆直径时，在满足镗杆刚度的前提下，尽量使镗杆与孔壁间有较大的空隙，便于排屑。一般可取

$$d = (0.6 \sim 0.8)D$$

式中　d——镗杆直径；

　　　　D——镗孔直径。

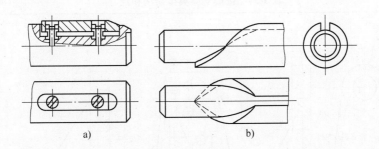

图 3-33　镗杆引进结构

设计镗杆时，镗孔直径 D，镗杆直径 d、镗刀截面的边长 B 之间的关系一般按下式考虑，或参照表 3-35 选取。

$$\frac{D-d}{2} = (1 \sim 1.5)B$$

表 3-35　镗杆直径 d、镗刀截面 $B \times B$ 与镗孔直径 D 的关系

D/mm	10～40	40～50	50～70	70～90	90～110
d/mm	20～30	30～40	40～50	50～65	65～90
$B \times B$/mm × mm	10×10	10×10	12×12	16×16	16×20

表中所列镗杆直径的范围，在加工小孔时取大值。在加工大孔时，若导向好，切削负荷小，则可取小值，一般取中间值；若导向不良，切削负荷大，可取大值。

镗杆的轴向尺寸，应按镗孔系统图上的有关尺寸确定。

一般要求镗杆表面硬度高，而心部有较好的韧度。因此，采用 20 钢、20Cr，渗碳淬火硬度为 61～63HRC；也可用氮化钢 38CrMoAlA；大直径的镗杆，还可采用 45 钢、40Cr 或65Mn。

镗杆的主要技术要求一般规定如下：

1）镗杆导向部分的圆度公差与锥度公差控制在直径公差的 1/2 以内。

2）镗杆导向部分公差带，粗镗为 g6，精镗为 g5。表面粗糙度为 $Ra0.8 \sim 0.4\mu m$。

3）镗杆在 500mm 长度内的直线度公差为 0.01～0.1mm。刀孔表面粗糙度一般为$Ra1.6\mu m$，装刀孔不淬火。

（3）支架与底座　镗模支架和底座多为铸铁件（一般为 HT200），常分开制造。镗模支架应具有足够的强度与刚度，且不允许承受夹紧力。其典型结构和尺寸参见表 3-36。

镗模底座上要安装各种装置和元件，并承受切削力和夹紧力，所以必须有足够的强度与刚度，并保持尺寸精度的稳定性。其典型结构和尺寸参见表 3-37。

（4）镗套与镗杆、衬套等的配合选择　镗套与镗杆、衬套等的配合必须选择恰当，过紧容易研坏或咬死，过松则不能保证加工精度。一般加工公差等级低于 IT8 的孔时，镗杆公差等级选用 IT6；精加工公差等级为 IT7 的孔时，镗杆公差等级通常选用 IT5，见表 3-38。当孔加工的精度（如同轴度）要求较高时，常用配研法使镗套与镗杆的配合间隙达到最小值，但此时应用低速加工。

表 3-36　镗模支架典型结构和尺寸　　　　　　　　（单位：mm）

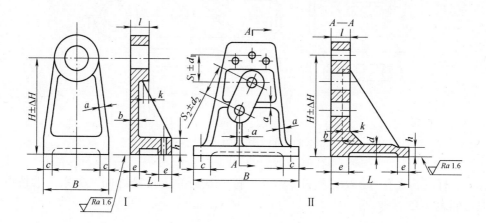

型式	B	L	H	S_1, S_2	l	a	b	c	d	e	h	k
I	$\left(\dfrac{1}{2} \sim \dfrac{3}{5}\right)H$	$\left(\dfrac{1}{3} \sim \dfrac{1}{2}\right)H$	按工件相应尺寸取	按镗套相应尺寸取	$10 \sim 20$	$15 \sim 25$	$30 \sim 40$	$3 \sim 5$	$20 \sim 30$	$3 \sim 5$		
II	$\left(\dfrac{2}{3} \sim 1\right)H$	$\left(\dfrac{1}{2} \sim \dfrac{2}{3}\right)H$										

表 3-37　镗模底座典型结构和尺寸　　　　　　　　（单位：mm）

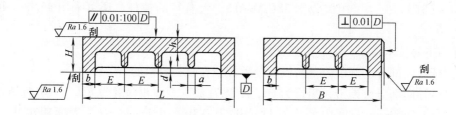

L	B	H	E	a	b	d	h
按工件大小而定		$\left(\dfrac{1}{6} \sim \dfrac{1}{8}\right)H$	$(1 \sim 1.5)\,H$	$10 \sim 20$	$20 \sim 30$	$5 \sim 8$	$20 \sim 30$

表 3-38　镗套与镗杆、衬套等的配合

配合表面	镗杆与镗套	镗套与衬套	衬套与支架
配合性质	H7/g6(H7/h6)，H6/g5(H6/h5)	H7/h6(H7/js6)，H6/g5(H6/h5)	H7/n5，H6/h5

镗套内、外圆的同轴度公差常取 0.01mm，内孔的圆度公差、圆柱度一般公差为 0.01 ~ 0.002mm，外圆表面粗糙度 *Ra* 值取 0.32μm。

镗套用衬套的内、外圆的同轴度公差，粗镗时常取 0.01mm；精镗时常取 0.01 ~ 0.005mm（外径小于 52mm 时取小值）。

四、相关实践知识

图 3-34 所示为减速器箱体零件图（材料为 HT200）。本工序要求加工两组相互垂直的孔。

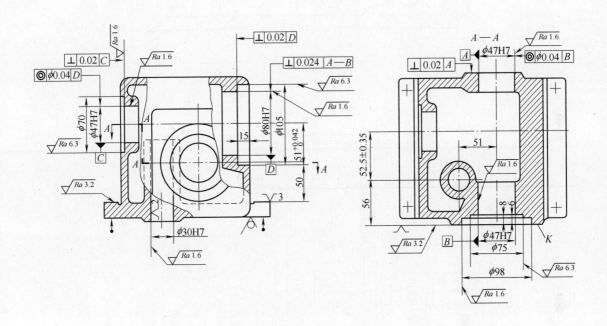

图 3-34 减速器箱体零件图

图 3-35 所示为在卧式镗床上加工减速器箱体的两组互成 90°的孔的镗模。夹具安装于镗床回转工作台上，可随工作台一起移动和回转。

工件以耳座上面、φ30H7 孔和 *K* 面（见图 3-34）作为定位基准。装工件时，首先拉出镗套 8，将工件放在具有斜面的支承导板 6 上，向前推移，当工件上 φ30H7mm 孔与定位套 5 对齐时，插入可卸心轴 4。然后推动斜楔 1，并适当摆动工件，使斜楔 1 与 *K* 面（见图 3-34）有良好的接触，拧紧四个螺钉 2，四个压板 3 将工件夹紧在定位块 7 上。推入镗套 8，即可加工。

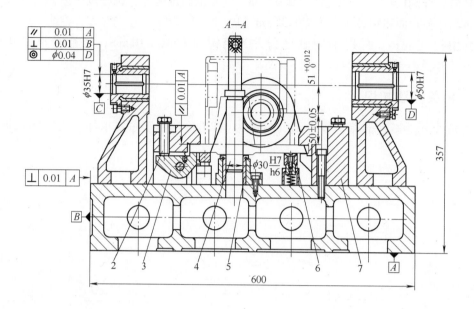

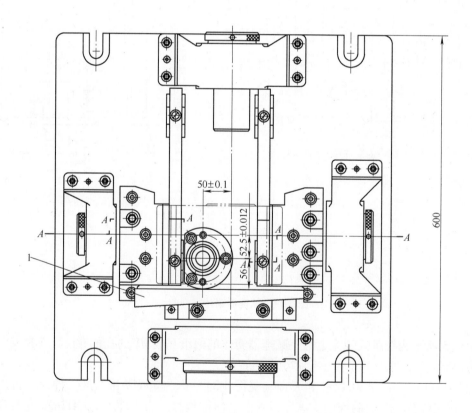

图 3-35　减速器箱体镗模

1—斜楔　2—螺钉　3—压板　4—可卸心轴　5—定位套　6—支承导板　7—定位块

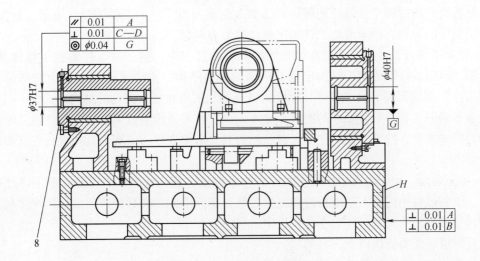

图 3-35 减速器箱体镗模（续）

8—镗套

五、思考与练习

1. 对夹紧装置的要求有哪些?

2. 对定位装置的要求有哪些?

3. 设计、制造夹具时，主要应该注意什么问题?

4. 镗模导向装置有哪些布置形式? 镗杆和机床主轴何时用刚性连接? 何时用浮动连接?

*模块5　柔性组合夹具的搭建

一、教学目标

最终目标：会进行柔性组合夹具的搭建。

促成目标：

1）会用计算机进行柔性组合夹具的模拟搭建。

2）会搭建柔性组合夹具的实体。

二、案例分析

采用孔槽结合的柔性组合夹具进行虚拟和实体装配的一般步骤如下：

1）熟悉技术资料，做好调查研究工作。组装人员在组装前，必须熟悉工件的加工图样，了解工件的形状、尺寸、公差、材料及其他技术要求等；熟悉工件的加工工艺、加工使用的设备等；分析其加工方法是否合理，设备是否合适，使用组合夹具是否能保证加工精度，以及组装有无特殊困难等。通过对以上情况的熟悉和分析，考虑组装方案。

在熟悉资料的过程中，最好能够得到已加工至前一道工序的工件实物。有了工件实物，便于弄清工件的形状，便于考虑工件的定位、夹紧等问题。

2）确定组装方案。组装人员在熟悉原始资料的过程中，逐步对工件形成了整体概念，经过分析、判断，可以确定工件的定位基准面、夹紧结构、主要元件（包括为特殊情况设计的专用件）及确保夹具尺寸精度和刚度的措施等，初步想象出夹具的结构形式。

用途不同的夹具，组装要求的侧重点是不同的。在考虑组装方案时，应该注意其矛盾的特殊性，特殊情况，特殊对待。比如，铣、刨夹具要求刚度好，平磨夹具和镗孔夹具要求精度高。

3）虚拟装配。由于在考虑组装方案时有些矛盾没有充分暴露，不可能一下子考虑得十分全面，组装过程中需要不断地修改和完善组装方案，因此，夹具要经过虚拟装配过程。虚拟装配就是按设想的夹具结构先在计算机中进行组装。

通过虚拟装配要解决以下一些问题：

①工件的定位和夹紧是否合理，是否能保证工件的加工精度。

②工件的装卸、加工是否方便。

③夹具结构是否轻巧、简单，便于调整及清除切屑。

④元件的使用是否合理。

⑤夹具是否有足够的刚度，是否能保证安全使用。

⑥是否能保证在机床上顺利安装。

4）连接、调整和固定。经虚拟装配肯定了夹具的结构形式后，即可进行连接和调整工作。首先擦净元件，装上定位键。然后按一定的顺序（一般由下到上、由内到外）把各个元件用螺栓和螺母联接起来。同时，进行有关部分的尺寸调整。联接和调整要交替进行。

调整工作的要点是，正确地选择测量基准面，合理地使用量具，准确而迅速地测定元件间的相关尺寸等。夹具的尺寸公差一般取工件图样尺寸公差的 $1/3 \sim 1/5$。调整好的夹具结构要及时紧固。

组合夹具的尺寸调整工作十分重要，调整的精度将直接影响工件的加工精度。组装人员应熟练掌握调整技术，不断提高调整工作的效率。

5）检查。夹具元件全部紧固后，要做一次仔细检查。

以上就是组装工作的全部过程。这一过程在组装不同夹具时并不是一成不变的，有时几个步骤可同时进行。

三、相关知识点

1. 组合夹具的概念

组合夹具是由可循环使用的标准夹具零部件（或专用零部件）组装成易于连接和拆卸的夹具。

组合夹具是在夹具零部件标准化的基础上发展起来的一种模块式夹具。其零件具有精度高、强度高、耐磨性好和互换性强等特点。组合夹具的主要优点是零件能重复使用，可缩短生产准备周期和降低生产成本等。组合夹具特别适合新产品的试制，以及单件与中、小批生产。

2. 组合夹具的发展与应用

（1）组合夹具的发展 组合夹具是20世纪40年代在德国和英国开始研制、开发并使用的。英国人华尔通创建了槽系组合夹具，20世纪50年代以后苏联又大力发展和应用了槽系组合夹具。20世纪80年代，为适应现代机床的加工要求，国外又推出了孔系列组合夹具。20世纪90年代以后，随着柔性制造技术的发展，又出现了孔、槽结合的柔性组合夹具。

我国从20世纪50年代后期从苏联引进，并在60年代开始推广和使用槽系组合夹具。当时，国家在天津建了组合夹具厂，在全国主要的工业大城市建了许多夹具站。经过多年的发展，组合夹具产品的制造技术水平有了很大的提高，目前已形成了由槽系列、孔系列及孔槽结合的柔性组合夹具系列的格局。

但我国组合夹具与美国、法国、意大利、英国、德国、俄罗斯等国家的应用水平还有一定的差距。

（2）组合夹具的应用

1）在生产类型方面，由于组合夹具灵活多变、便于应用，适合品种多、产品变化快、新产品试制和小批的生产方式。对成批生产的工厂，可利用组合夹具代替临时短缺的专用夹具，以满足生产要求。大批生产的工厂可在工具车间、机修车间及试制车间中使用组合夹具。近年来，随着组合夹具组装技术的提高，不少工厂在成批生产中使用组合夹具，效果也较好，其代替专用夹具比例可达30%~50%。

2）在加工设备和工艺方法方面，组合夹具元件可以组装成各类机床夹具、焊接夹具、装配夹具、检验夹具和模拟试验样机等，可以组装出具有空间角度、可翻转、可移动及可换位等结构复杂的机床夹具。

3）使用组合夹具，工件在一定范围内可不受轮廓尺寸和几何形状的限制。鉴于组合夹具的灵活性，可用小尺寸系列的元件组装成满足较大尺寸工件需要的组合夹具。此外，不同系列的组合夹具元件还可以通过过渡元件共同组装在一套组合夹具上，以达到缩小组合夹具尺寸、减轻组合夹具重量的目的。

4）与专用夹具相比，使用组合夹具具有明显的经济效益，可以节约夹具的设计制造工时90%，缩短生产准备周期85%，节约金属材料95%，降低成本80%，组合夹具是现代夹具的主要发展趋势。

3. 组合夹具的分类

组合夹具分为槽系组合夹具、孔系组合夹具及孔槽结合的（LXT-J）柔性组合夹具。

（1）槽系组合夹具（见图3-36）
槽系组合夹具主要通过键与槽确定元件之间的相互位置。

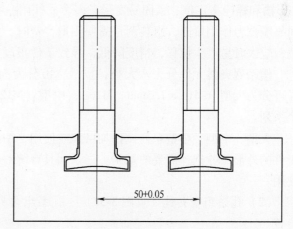

图3-36 键与槽定位和紧固

目前，我国普遍使用的夹具大都是槽系组合夹具，如图3-37所示。

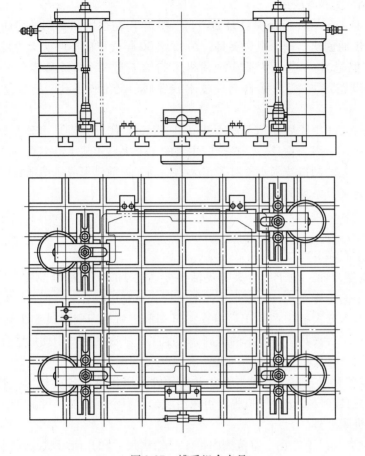

图 3-37　槽系组合夹具

　　槽系组合夹具最突出的特点是：组装灵活多变，可调性好。缺点是：精度低，刚性差；T 形槽和螺栓头定位、紧固易变形；多个元件用一个螺栓联接，稳定性差，强度低；因元件间靠摩擦力作用紧固，组装调整需要测量，费时、费力；无法承受大切削力，在碰撞或工作负载较大时易产生位移，精度降低，导致工件报废，不能满足加工要求。

　　槽系列夹具元件分为八大类，按槽宽可分为大型（16H7）和中型（12H7）。按螺栓直径可分为大型（M16×1.5mm、M16）、中型（M12×1.5mm、M12）和小型（M8、M6）三个系列。

　　大型、中型、小型系列元件均可独立使用，用户可根据机床工作台或拖板尺寸、被加工工件的外形尺寸选择需要的系列。三系列具有统一的节距尺寸，备有过渡元件，故可以混合使用。

　　（2）孔系组合夹具（见图 3-38）　孔系组合夹具主要通过销和孔确定元件之间的相互位置。

　　孔系组合夹具主要是为了适应现代加工设备对工装精度和刚度的要求而设计的，是继槽系组合夹具后的又一种快速组合工装设备，它的主要特点是：结构简单，以孔定位，采用螺栓联接，定位精度高，刚度好，品种少，组装方便，经济效益高，便于计算机编程，特别适用于切削力较大的工件加工。缺点是可调性差、不适于普通机床使用。孔系列夹具在国外应用很普遍，国内的用户也在逐年增多。

孔系组合夹具刚出现的时候为螺纹孔式，只是在基础件上矩阵式分布螺纹孔，用螺栓进行联接、定位和紧固，没有定位孔和定位销，承受的外力较槽式组合夹具要小。现在孔系组合夹具已发展为配合孔式，不但有相互联接的螺纹孔，还增加了精密的配合孔。

孔系组合夹具也分为八大类，按联接螺纹分为小型（M8）、中型（M12）和大型（M16）三个系列。定位孔中心设计有螺纹孔，定位孔和螺纹孔同轴。定位销为空心定位

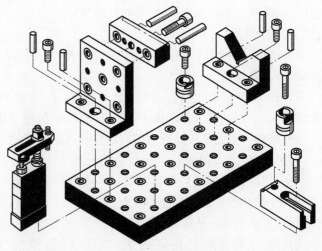

图 3-38　孔系组合夹具

销，定位孔和螺纹孔间隔分布，孔距为 40mm 或 50mm。大型元件的定位孔径为 ϕ16H6 和 ϕ12H5，螺纹为 M16、M16 × 1.5mm 和 M12 × 1.5mm 两种。孔系组合夹具的定位孔采用压套结构，定位孔中心至定位基准面的尺寸公差为 0.015mm，相邻定位孔孔距公差为 0.02mm。

（3）孔槽结合的柔性组合夹具系统（见图 3-39）　柔性组合夹具通过销和孔结合的方式进行定位和紧固。

柔性组合夹具是现有孔、槽系列组合夹具的更新换代产品，它综合了槽、孔系列组合夹具的优点，克服了二者的缺点和不足。

孔槽结合的柔性组合夹具元件分类如下：

1）基体件：装于机床工作台上，用作夹具和工件的安装体。

2）基础件：夹具的基础，把其他元件连接在一起。

3）支承件：组合夹具的主体结构元件，可组装成各种夹具主体结构。

4）定位件：用于各元件的组装定位。

5）导向件：用于保证加工时切削刀具的定位。

图 3-39　孔槽结合的柔性组合夹具

6）压紧件：将工件压紧在夹具体上，使工件在切削力的作用下保持位置不变。

7）紧固件：用于各个组装件的连接和紧固。

8）其他件：不完全属于上述各类的元件。

9）合件：由多个零件组成的、不再拆卸的组件。

四、相关实践知识

孔槽结合的柔性组合夹具元件之间可实现最小间隔为 0.01mm、任意空间位置及转角的

定位组装。

1）孔与孔的定位。具有两个定位孔的元件之间用两个圆柱定位销（JI23100L）或一个圆柱定位销和一个菱形定位销（JI2311029）定位。需防滑落，可在定位销上加装定位销防滑垫（JI2319005）。

2）键槽与键槽的定位。具有定位键槽的元件之间用平键（JO8300122）或 T 形键（JO8300328）定位。

3）孔与键槽的定位。利用装入定位孔及键槽的销键（JI2301019）、偏心销键（JI2302e）、T 形销键（JI2303019）或偏心 T 形销键（JI2304e）进行定位。

4）平移位置的定位。通过带有定位孔及定位键槽的移位支承、纵向移位板和横向移位板，利用销键（JI2301019）、偏心销键（JI2302e）和偏心 T 形销键（JI2304e），就可实现沿节线（定位孔排列线）或紧固线（螺孔排列线）方向最小间隔为 0.01mm 空间（x、y 及 z 方向）平移定位。通过最小厚度差为 0.01mm 的不同厚度垫片、垫板及垫规的组合来实现最小间隔为 0.01mm 平移位置的定位。

5）常用不同旋转角度的定位。用转角垫板（JI2251045、JI2251060、J20251045、J20251060）可以实现间隔 15°的旋转角度的定位。用等分分度台（JI2803060）可实现间隔 30°的旋转角度的定位；用插销差动分度台（JI2805200）可实现每间隔 0.5°的旋转角度的定位。

6）孔槽结合的柔性组合夹具不同系列（J08，J12，J16，J20）间可通过各种过渡支承件用同样的圆柱定位销、平键和各种销键实现定位。

7）孔槽结合的柔性组合夹具元件与其他组合夹具（槽系或孔系）元件之间的组装定位。槽系组合夹具用过渡销键（ZJ12308012）或过渡平键（JI2300812）与孔槽结合的柔性组合夹具组装定位，其他孔系组合夹具用相应的台阶定位销及相应的支承过渡板与孔槽结合的柔性组合夹具组装定位。

五、思考与练习

1. 模拟搭建孔槽结合的柔性组合夹具的一般步骤是什么？

2. 使用孔槽结合的柔性组合夹具时，有哪些注意事项？

3. 如何检测孔槽结合的柔性组合夹具的精度？

项目 4   箱体零件的工艺编制及加工操作

【教学目标】

最终目标：会编制箱体零件的机械加工工艺，会对箱体零件进行普通机床加工及数控机床加工。

促成目标：

1）能编制中等复杂箱体零件的加工工艺过程卡片。

2）会进行箱体零件的普通机床加工。

3）会进行箱体零件的数控机床加工。

模块 1   箱体零件的工艺编制

一、教学目标

最终目标：会编制箱体零件的机械加工工艺。

促成目标：

1）能列出箱体零件加工工艺过程卡片的编制步骤。

2）能编制中等复杂箱体零件的加工工艺过程卡片和工序卡片。

二、案例分析

附图所示的 LK32-20011 主轴箱箱体零件的机械加工工艺路线为：人工时效处理→划线→粗铣（粗刨）平面→粗镗孔→精加工平面→精加工孔→加工小孔及螺孔，这是一个通用的工艺过程。机械加工工艺在不同的生产环境（设备）下，可以有多种形式，最终结果能够满足图样要求即可。编制工艺过程最重要的是理论与实际相结合。在企业实际加工时，要平衡各工序的加工能力，在加工 LK32-20011 主轴箱箱体零件时，企业根据各工序的加工能力，经常要修改工艺过程。

根据机械加工工艺的主轴线，细化每个过程的加工，如粗铣（粗刨）平面，先加工哪个平面，后加工哪个平面，哪些平面粗加工后不需要再加工，哪些平面粗加工后还需进行精加工等。加工平面的原则为：先粗基准，再精基准。一般与精加工无关的平面在粗加工后就不再加工，或将它放在精加工的过程中加工。如 LK32-20011 主轴箱箱体，先加工顶面（$Ra3.2\mu m$ 平面），这是加工底面用的基准面，其他面加工时与它关系不大，所以在半精加工后，就不再加工了。底面既是设计基准，又是装配基准，更是加工其他各面的定位基准。以前的工艺要求对表面进行刮研，一般刮研的要求为 8～10 点/（25mm×25mm）。但随着设备精度的提高，企业实际采用以磨代刮的工艺，大大提高了工艺效率。将平面的加工分成粗加工和精加工两个阶段，粗加工又分成粗车和刨削。粗车是为了加工顶面。一般在机械加工过程中，车削加工的效率相对较高，再加上顶面可由车削加工，所以采用粗车加工底面是合理的。在编制工艺过程中，应尽量做到工序集中，减少工序中转，以减少半成品的积压，缩短加工周期。底面和底面定位槽加工完成后，再加工四周面。一般主轴箱箱体前后端面的加工精度会影响粗镗孔的加工，所以应先加工前后端面。但在该产品中，前后端面与轴承孔的要求不是很密切，可在铣四周面时直接加工完成，不分粗、精加工。接下来再粗镗轴承孔，精加工底面和其他表面，精镗各孔，以及钻削各小孔和各螺孔，各小孔及螺孔是以各自的平面或圆孔定位的，一般都放在最后加工。LK32-20011 主轴箱箱体细化后的工艺路线为：人工时效处理→划线→粗车上、下平面→粗刨底面及底面定位槽→铣端面→粗镗各轴承孔→平磨底面→铣斜面→铣上平面的凹面→精镗三组轴承孔→铰削正面二组孔→钻各小孔及攻螺纹。

企业实际应用的 LK32-20011 主轴箱箱体的机械加工工艺过程卡片和工序卡片见表 4-1 ~ 表 4-12。

三、思考与练习

1. 编制箱体类零件加工工艺的要点是什么？

2. 箱体类零件工艺编制的特点有哪些？

3. 检查企业使用的主轴箱箱体工艺过程卡片和工序卡片有无尚需完善的地方。如有，则请完善。

表 4-1　机械加工工艺过程卡片

机械加工工艺过程卡片		产品型号	LK32	零件图号	20011		共 2 页	第 1 页
		产品名称	数控车床	零件名称	主轴箱箱体			
材料牌号	毛坯种类	毛坯外形尺寸		每毛坯可制件数	1	每台件数	1	备注
HT200	铸件							

工序号	工序名称	工序内容	车间	工段	设备	工艺装备	工时（准终）	工时（单件）
一	木	按铸造工艺要求制模	铸	木				
二	铸	造型、浇注、清砂、去毛刺	铸					
三	热	人工时效处理	铸					
四	漆	非加工面除锈，并涂红丹底漆	铸					
五	划线	见划线工序卡片（表 4-2）	金工					
六	粗车	见粗车加工工序卡片（表 4-3）	金工		C512A			
七	粗刨	见刨削加工工序卡片（表 4-4）	金工		B2010A			
八	铣端面	见铣端面加工工序卡片（表 4-5）	金工		端面铣床			
九	粗镗	见粗镗加工工序卡片（表 4-6）	金工		T618			

				设计（日期）	审核（日期）	标准化（日期）	会签（日期）
标记	处数	更改文件号	签字	日期	标记	处数	更改文件号	签字	日期

描图　描校　底图号　装订号

（续）

机械加工工艺过程卡片

			产品型号	LK32	零件图号	20011		共 2 页
			产品名称	数控车床	零件名称	主轴箱体		第 2 页

材料牌号	毛坯种类		毛坯外形尺寸		每毛坯可制件数	每合件数		
HT200	铸件				1	1	1	

工序号	工序名称	工序内容	车间	工段	设备	工艺装备	备注	工时 终准	工时 单件
十	平磨	见平磨加工工序卡片（表4-7）	金工		M7140H				
十一	铣斜面	见铣斜面加工工序卡片（表4-8）	金工		X63WT	X02/LK32-20011			
十二	铣削	见铣削加工工序卡片（表4-9）	金工		LXK714				
十三	精镗	见精镗加工工序卡片（表4-10）	金工		专用镗床				
十四	铰削	见铰削加工工序卡片（表4-11）	金工		UN10N				
十五	钻削	见钻削加工工序卡片（表4-12）	金工		ZW3725	Z01/LK32-20011 Z02/LK32-20011 Z03/LK32-20011 Z04/LK32-20011			
十六	检	综合检查，其余螺孔待装配前配作加工	金工						
十七	入库	清洗，上油							

				设计（日期）	审核（日期）	标准化（日期）	会签（日期）
标记	处数	更改文件号	签字	日期			
标记	处数	更改文件号	签字	日期			

描图
描校
底图号
装订号

表 4-2　划线工序卡片（工序五）

机械加工工序卡片	产品型号	LK32	零件图号	20011	共 1 页	第 1 页
	产品名称	数控车床	零件名称	主轴箱箱体	材料牌号	HT200

	车间	工序号	工序名称	材料牌号	每台件数	同时加工件数
	金工	五	划线		1	
	毛坯种类	毛坯外形尺寸	每毛坯可制件数	同时加工件数		切削液
	铸件					
	设备名称	设备型号	设备编号		工序工时	
					终准	单件
	夹具编号	夹具名称				
	工位器编号	工位器名称			工步工时	
					机动	辅助

工步号	工 步 内 容	工 艺 装 备	主轴转速 /r·min⁻¹	切削速度 /m·min⁻¹	进给量 /mm·r⁻¹	切削深度 /mm	进给次数	工步工时 机动 辅助
1	以 φ115mm 孔的毛坯孔为基准，找正，垫平。兼顾尺寸 20mm，划出底面加工线，并打样冲眼							
2	以底面加工线为基准，划出顶面加工线（兼顾尺寸 18mm），打上样冲眼							

				设计（日期）	审核（日期）	标准化（日期）	会签（日期）

标记	处数	更改文件号	签字	日期	标记	处数	更改文件号	签字	日期

描　图
描　校
底图号
装订号

表4-3　粗车加工工序卡片（工序六）

机械加工工序卡片		产品型号	LK32	零件图号	20011		共1页
		产品名称	数控车床	零件名称	主轴箱体		第1页

车间	工序号	工序名称	材料牌号
金工	六	粗车	HT200

毛坯种类	毛坯外形尺寸	每毛坯可制件数	每台件数
铸件		1	1

设备名称	设备型号	设备编号	同时加工件数
立式车床	C512A		1

夹具编号	夹具名称	切削液

工位器具编号	工位器具名称	工序工时	
		终准	单件

工步号	工步内容	工艺装备	主轴转速 /r·min⁻¹	切削速度 /m·min⁻¹	进给量 /mm·r⁻¹	切削深度 /mm	进给次数	工步工时	
			$/\text{r}\cdot\text{min}^{-1}$	$/\text{m}\cdot\text{min}^{-1}$	$/\text{mm}\cdot\text{r}^{-1}$	$/\text{mm}$		机动	辅助
1	将底面平放在工作台上，用划针盘找平，夹紧，车顶面至工序简图尺寸，18mm								
2	翻转工件，将顶面平放在工作台上，夹紧，粗车底面至工序简图尺寸287mm								

	设计（日期）	审核（日期）	标准化（日期）	会签（日期）
描图				
描校				
底图号				
装订号				

标记	处数	更改文件号	签字	日期	标记	处数	更改文件号	签字	日期

表 4-4　刨削加工工序卡片（工序七）

机械加工工序卡片（工序七）

	产品型号	LK32	零件图号	20011		共 1 页	第 1 页
	产品名称	数控车床	零件名称	主轴箱箱体		材料牌号	HT200
		车间	工序号	工序名称	毛坯外形尺寸	每台件数	1
		金工	七	龙刨		同时加工件数	1
		毛坯种类	每毛坯可制件数	设备编号		切削液	
		铸件	1				
		设备名称	设备型号	夹具名称		工序工时	单件
		龙刨	B2010A			终准	
		夹具编号	工位器具名称			工步工时	
			工位器具编号			机动	辅助

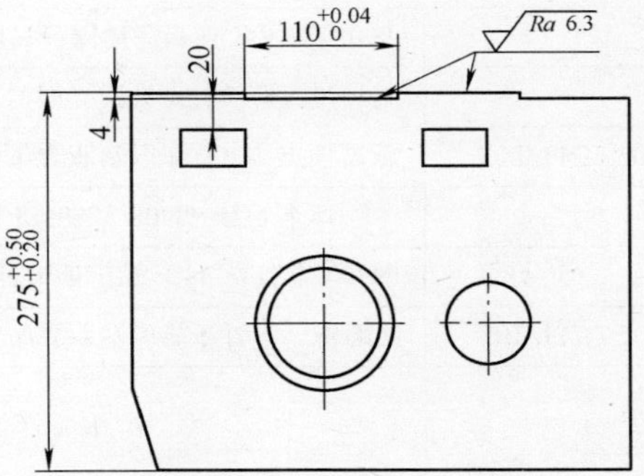

工步号 | 工 步 内 容 | 工 艺 装 备 | 主轴转速 /r·min⁻¹ | 切削速度 /m·min⁻¹ | 进给量 /mm·r⁻¹ | 切削深度 /mm | 进给次数 |

工件 6 件一组以顶面平放在工作台上，按线找正，夹紧，刨底面及 110mm 定位槽至工序简图尺寸

√Ra 6.3
110 +0.04 0
275 ±0.50
20
4

| | | | 设计（日期） | 审核（日期） | 标准化（日期） | 会签（日期） | |
| 标记 | 处数 | 更改文件号 | 签字 | 日期 | 标记 | 处数 | 更改文件号 | 签字 | 日期 |

描　图
描　校
底图号
装订号

表 4-5　铣端面加工工序卡片（工序八）

机械加工工序卡片

| 产品型号 | LK32 | 零件图号 | 20011 | 共 1 页 | 第 1 页 |
| 产品名称 | | 零件名称 | 主轴箱箱体 | 材料牌号 | HT200 |

车间	工序号	工序名称	材料牌号
金工	八	铣端面	每台件数 1
毛坯种类	毛坯外形尺寸	每毛坯可制件数	同时加工件数 1
铸件			
设备名称	设备型号	设备编号	切削液
端面铣床	自制专机		
夹具编号	夹具名称	工序工时
		终准　单件
工位器具编号	工位器具名称	工步工时
		机动　辅助

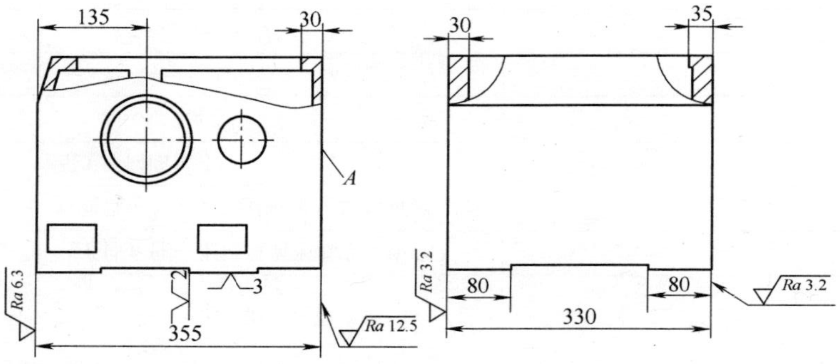

工艺装备

工步号	工步内容	工艺装备	主轴转速 /r·min⁻¹	切削速度 /m·min⁻¹	进给量 /mm·r⁻¹	切削深度 /mm	进给次数	工步工时 机动 辅助
1	工件以底面为基准放在夹具中，槽侧面 ▽2 靠紧定位块面，压紧工件，铣尺寸 355mm 两侧面，控制 135mm、30mm 两尺寸	X01/LK32-20011 定位块						
2	工件以底面为基准放在夹具中，A 面靠实夹具上两定位块面，压紧工件，铣削尺寸 330mm 两端面，控制两端壁厚 35mm、30mm	X02/LK32-20011						

| | | | | 设计（日期） | 审核（日期） | 标准化（日期） | 会签（日期） |
| 标记 | 处数 | 更改文件号 | 签字 | 日期 | 标记 | 处数 | 更改文件号 | 签字 | 日期 |

表 4-6 粗镗加工工序卡片（工序九）

机械加工工序卡片	产品型号	LK32	零件图号	20011		
	产品名称	数控车床	零件名称	主轴箱箱体	共 1 页	第 1 页

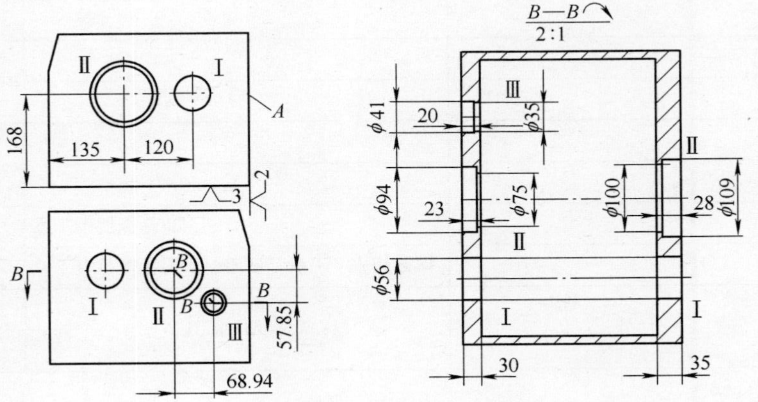

车间	工序号	工序名称	材料牌号
金工	九	粗镗	HT200
毛坯种类	毛坯外形尺寸	每毛坯可制件数	每台件数
铸件		1	1
设备名称	设备型号	设备编号	同时加工件数
镗床	T618		
夹具编号		夹具名称	切削液
工位器具编号		工位器具名称	工序工时
			终准 / 单件

工步号	工步内容	工艺装备	主轴转速 /r·min^{-1}	切削速度 /m·min^{-1}	进给量 /mm·r^{-1}	切削深度 /mm	进给次数	工步工时 机动	工步工时 辅助
1	工作台上放两个定位块，测量定位块面与工作台纵向导轨的平行度，其值不大于0.10mm时，压紧两定位块	定位块							
2	工件以底面为基准，放在工作台上，A面靠实两定位块面，压紧工件，按工序简图粗镗各孔至图中尺寸								

描图	描校	底图号	装订号

										设计（日期）	审核（日期）	标准化（日期）	会签（日期）
标记	处数	更改文件号	签字	日期	标记	处数	更改文件号	签字	日期				

表 4-7　平磨加工工序卡片（工序十）

机械加工工序卡片	产品型号	LK32	零件图号		20011			共 1 页	第 1 页
	产品名称	数控车床	零件名称	主轴箱箱体		材料牌号		HT200	
	车间	工序号	工序名称	每台件数		同时加工件数		切削液	
	金工	十	平磨	1		1			
	毛坯种类	毛坯外形尺寸	每毛坯可制件数	设备编号			工序工时		单件
	铸件		1				终准		
	设备名称	设备型号	夹具名称			工步工时		机动	辅助
	平面磨床	M7140H							
	夹具编号	工位器具编号	工位器具名称						

工步简图

$\square$ 0.02
$\sqrt{Ra\,1.6}$
275 +0.50 +0.20

工步号	工 步 内 容	工 艺 装 备	主轴转速 /r·min⁻¹	切削速度 /m·min⁻¹	进给量 /mm·r⁻¹	切削深度 /mm	进给次数	工步工时 机动	辅助
	工作台面吸住工件顶面，校正，平磨底面								
	至工序简图要求								

				设计（日期）	审核（日期）	标准化（日期）	会签（日期）

标记	处数	更改文件号	签字	日期	标记	处数	更改文件号	签字	日期

描 图

描 校

底图号

装订号

表 4-8　铣斜面加工工序卡片(工序十一)

| 机械加工工序卡片 | | 产品型号 | LK32 | 零件图号 | 20011 | 共 1 页 | 第 1 页 |
| | | 产品名称 | 数控车床 | 零件名称 | 主轴箱箱体 | | |

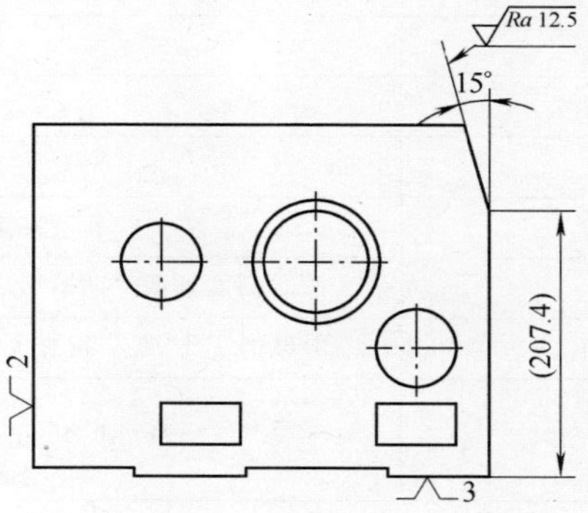

车间	工序号	工序名称	材料牌号
金工	十一	铣斜面	HT200
毛坯种类	毛坯外形尺寸	每毛坯可制件数	每台件数
铸件		1	1
设备名称	设备型号	设备编号	同时加工件数
立铣	X63WT		1
夹具编号	夹具名称		切削液
工位器具编号	工位器具名称		工序工时
			准终　单件

工步号	工步内容	工艺装备	主轴转速 /r·min⁻¹	切削速度 /m·min⁻¹	进给量 /mm·r⁻¹	切削深度 /mm	进给次数	工步工时 机动 辅助
	工具置于铣具夹具中压紧,按工序简图铣至尺寸要求	X02/LK32-20011						

		设计(日期)	审核(日期)	标准化(日期)	会签(日期)

标记	处数	更改文件号	签字	日期	标记	处数	更改文件号	签字	日期

描　图
描　校
底图号
装订号

表 4-9 铣削加工工序卡片（工序十二）

机械加工工序卡片	产品型号	LK32	零件图号	20011		共 1 页	第 1 页
	产品名称	数控车床	零件名称	主轴箱箱体		材料牌号	HT200

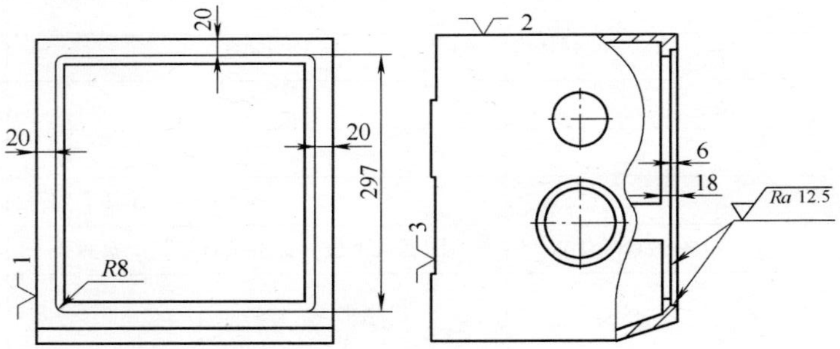

车间	工序号	工序名称	毛坯外形尺寸	每毛坯可制件数	每台件数
金工	十二	铣削		1	1

毛坯种类	设备名称	设备型号	设备编号	同时加工件数
铸件	数控铣床	LXK714		1

夹具编号	夹具名称		切削液

工位器具编号	工位器具名称		工序工时
			终准 单件

工步内容

工件以底面为基准，放在工作台上，
∨2 掌实两定位块面，压紧工件，按工
序简图铣至各要求尺寸

工步号	工步内容	工艺装备	主轴转速 /r·min⁻¹	切削速度 /m·min⁻¹	进给量 /mm·r⁻¹	切削深度 /mm	进给次数	工步工时 机动 辅助

		设计（日期）	审核（日期）	标准化（日期）	会签（日期）

标记	处数	更改文件号	签字	日期	标记	处数	更改文件号	签字	日期

描 图
描 校
底图号
装订号

表 4-10　精镗加工工序卡片（工序十三）

机械加工工序卡片		产品型号	LK32	零件图号		20011		共 1 页	第 1 页
		产品名称	数控车床	零件名称		主轴箱体		材料牌号	HT200
		车间	工序号	工序名称		每毛坯可制件数		每台件数	1
		金工	十三	精镗		1		同时加工件数	1
		毛坯种类	设备型号	设备名称	设备编号	026-10		切削液	
		铸件	自制	专用镗床					
		夹具编号		夹具名称	夹具名称	镗孔夹具		工序工时	
		T01/LK32-20011		专用镗床	工位器具名称			准终	单件
		工位器具编号							

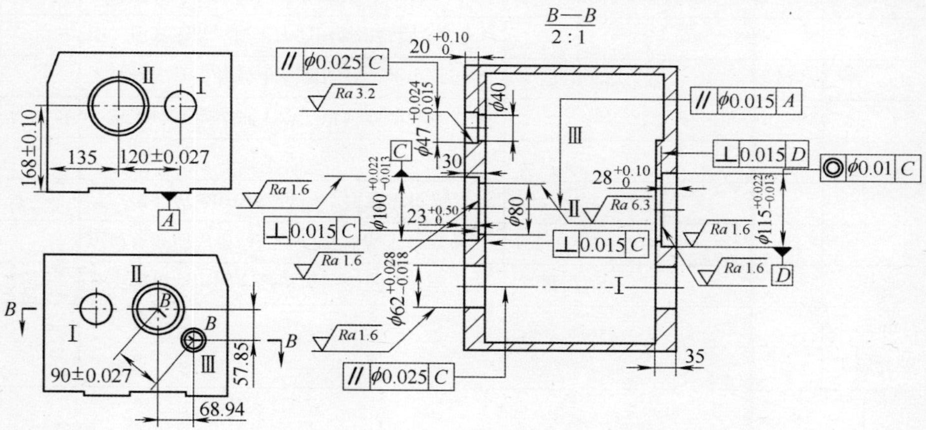

（工步内容栏）

工件以底面为基准，槽 A 侧面靠实定位块面，压紧工件，精镗三轴承孔至工序简图尺寸要求

工步号	工步内容	工艺装备	主轴转速 /r·min⁻¹	切削速度 /m·min⁻¹	进给量 /mm·r⁻¹	切削深度 /mm	进给次数	工步工时	
								机动	辅助

	设计（日期）	审核（日期）	标准化（日期）	会签（日期）
标记　处数　更改文件号　签字　日期				
标记　处数　更改文件号　签字　日期				

描　图
描　校
底图号
装订号

表 4-11　铰削加工工序卡片（工序十四）

机械加工工序卡片		产品型号	LK32	零件图号	20011		共 1 页	第 1 页
		产品名称		零件名称	主轴箱箱体	材料牌号	HT200	

车间	工序号	工序名称	每台件数	同时加工件数
金工	十四	铰削	1	1

毛坯种类	毛坯外形尺寸	每毛坯可制件数	切削液
铸件		1	

设备名称	设备型号	设备编号	工序工时	
钻床	UN10N		终准	单件

夹具编号	夹具名称	工位器具编号	工位器具名称

φ30$^{+0.033}_{0}$　φ25$^{+0.033}_{0}$　φ25$^{+0.033}_{0}$　Ra 3.2

（52.5）　56.25±0.023　20　68　89　145

工步号	工步内容	工艺装备	主轴转速 /r·min^{-1}	切削速度 /m·min^{-1}	进给量 /mm·r^{-1}	切削深度 /mm	进给次数	工步工时 机动	工步工时 辅助
1	工作台上放两个定位块，用百分表测两个定位块侧面与工作台导轨的平行度误差，误差值≤0.015mm 时，压紧定位块	定位块							
2	将工件底面清理干净，以底面为基准，将工件横放在工作台上，侧面靠实两个定位块面，压紧工件，按工序简图要求钻削、扩削、铰削至尺寸要求，孔口倒角 1mm×45°								

设计（日期）	审核（日期）	标准化（日期）	会签（日期）

标记	处数	更改文件号	签字	日期	标记	处数	更改文件号	签字	日期

描图　描校　底图号　装订号

表4-12　钻削加工工序卡片（工序十五）

| 机械加工工序卡片 | 产品型号 | LK32 | 零件图号 | 20011 | | 共2页 | 第1页 |
| | 产品名称 | 数控车床 | 零件名称 | 主轴箱箱体 | | 材料牌号 | HT200 |

车间	工序号	工序名称	材料牌号
金工	十五	钻削	
毛坯种类	毛坯外形尺寸	每毛坯可制件数	每台件数
铸件		1	1
设备名称	设备型号	设备编号	同时加工件数
钻床	ZW3725		1
夹具编号	夹具名称		切削液
工位器编号	工位器名称		

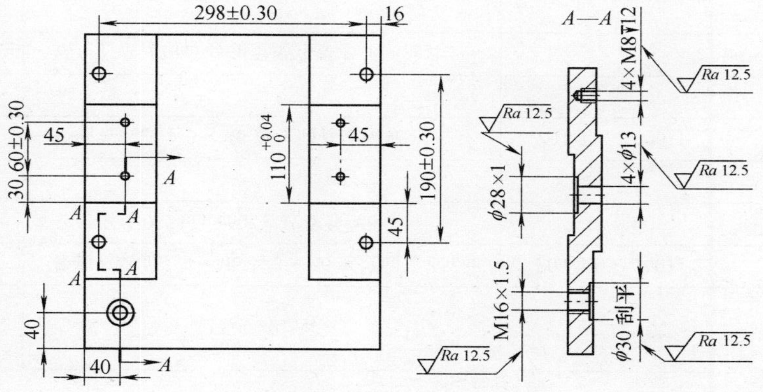

工步号	工步内容	工艺装备	主轴转速 /r·min⁻¹	切削速度 /m·min⁻¹	进给量 /mm·r⁻¹	切削深度 /mm	进给次数	工步工时 机动	工步工时 辅助
1	以110mm×4mm槽为基准，模钻底面4× φ13mm孔，4×M8螺纹底孔φ6.8mm，M16× 1.5mm螺纹底孔φ14.5mm，刮平孔口φ28mm 和φ30mm，各孔口倒角0.5mm×60°，分别攻 螺纹M8，M16×1.5	Z01/LK32-20011							
2	模钻顶面8×M8螺纹底孔为φ6.8mm×20mm， 各孔口倒角0.5mm×60°，攻螺纹M8	Z02/LK32-20011							

					设计（日期）	审核（日期）	标准化（日期）	会签（日期）
标记	处数	更改文件号	签字	日期				
标记	处数	更改文件号	签字	日期				

描图

描校

底图号

装订号

（续）

机械加工工序卡片	产品型号	LK32	零件图号	20011	共 2 页	第 2 页
	产品名称		零件名称	主轴箱箱体		

车间	工序号	工序名称	材料牌号
金工	十五	钻削	HT200

毛坯种类	毛坯外形尺寸	每毛坯可制件数	每台件数
铸件		1	1

设备名称	设备型号	设备编号	同时加工件数
钻床	ZW3725		1

夹具编号	夹具名称	切削液

工位器具编号	工位器具名称	工序工时	
		准终	单件

工步号	工步内容	工艺装备	主轴转速 /r·min⁻¹	切削速度 /m·min⁻¹	进给量 /mm·r⁻¹	切削深度 /mm	进给次数	工步工时	
								机动	辅助
3	模钻右端面上 4×M6 与 M6 3×M6 螺纹底孔 $\phi5mm$，各孔口倒角 0.5mm×60°，攻螺纹 M6	Z03/LK32-20011							
4	模钻左端面上 3×M6 螺纹底孔 $\phi5mm$	Z04/LK32-20011							
5	钻左右端 $\phi7mm$ 斜孔至尺寸要求（回油孔）								

		设计（日期）	审核（日期）	标准化（日期）	会签（日期）
标记	处数	更改文件号	签字	日期	
标记	处数	更改文件号	签字	日期	

描图

描校

底图号

装订号

模块 2　箱体零件的普通机床加工

一、教学目标

最终目标：能用普通机床对箱体零件进行加工。

促成目标：

1）掌握箱体零件的普通机床上加工的操作方法。

2）会操作设备加工箱体零件的平面和孔系。

3）能按照实际操作结果对工艺文件及实施过程进行评估。

4）能编制箱体零件的组合机床生产线加工工艺。

二、相关知识

1. 箱体零件孔系的加工

箱体上，一系列有位置精度要求的孔的组合，称为孔系。孔系可分为平行孔系、同轴孔系和交叉孔系，如图 4-1 所示。

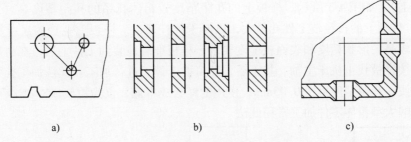

图 4-1　孔系分类

a）平行孔系　b）同轴孔系　c）交叉孔系

在孔系中，不仅孔本身的精度要求较高，孔与孔之间的距离精度和位置精度要求也很高。因此，孔系的加工是箱体加工的关键。

孔系的加工方法因箱体批量和孔系精度要求不同而不同，下面分别进行讨论。

（1）平行孔系的加工　平行孔系的主要技术要求是各孔中心线之间、中心线与基准面之间的距离尺寸精度和相互位置精度。生产中常用的孔系加工方法见表 4-13。

表 4-13　平行孔系的加工

方法	设备	精　　度	关　　　键	适用范围
找正法	通用机床	划线找正 0.5～1mm 心轴，量块 0.03mm 样板 0.05mm	找正精度——工人水平	单件、小批
镗模法	通用机床 专用夹具	0.05mm	镗模精度——设计、制造及安装	中、大批
坐标法	高精度机床	<0.04mm	调整精度——机床精度 测量装置精度	单件小批 精密孔系

1）找正法。找正法是在通用机床上，借助辅助工具来找正待加工孔的正确位置的加工方法。这种方法加工效率较低，一般只适用于单件小批生产。找正法可分为以下几种：

①划线找正法。加工前，按照零件图在毛坯上划出各孔的位置轮廓线，然后按划线一一进行加工。这种方法的划线和找正时间较长，生产率低，而且加工出来的孔距精度也低，一般在0.5mm左右。

为提高划线找正的精度，往往结合试切法进行，即先按划线找正并镗出一个孔，再按线将主轴调至第二个孔的中心，试镗出一个比图样要小的孔，若不符合图样要求，则根据测量结果更新调整主轴的位置，再进行试镗、测量、调整，如此反复几次，直至达到图样要求的孔距尺寸。此法虽比单纯的按线找正得到的孔距精度高，但孔距精度仍然较低，且操作的难度较大，生产效率低，适用于单件、小批生产。

②心轴和量块找正法。镗第一排孔时，将心轴插入主轴孔内（或直接使用镗床主轴），根据孔和定位基准的距离组合一定尺寸的量块来校正主轴位置，如图4-2所示。校正时，用塞尺测定量块与心轴之间的间隙，以避免量块直接与心轴接触而受到损伤。镗第二排孔时，分别在机床主轴和加工孔中插入心轴，采用同样的方法来校正轴线的位置，以保证孔距的精度。这种找正法的孔距精度可达0.3mm。

③样板找正法。用10～20mm厚的钢板制造样板，装在垂直于各孔的端面上（或固定于机床工作台上），如图4-3所示。样板上的孔距精度较箱体孔系的孔距精度高（一般为0.1～0.3mm），样板上的孔径较工件孔径大，以便于镗杆通过。样板上孔径的尺寸精度要求不高，但要有较高的形状精度和表面粗糙度要求。样板准确地装到工件上后，在机床主轴上装一千分表，按样板找正机床主轴。找正后，即可换上镗刀进行加工。此法加工孔系不易出差错，找正方便，孔距精度可达0.05mm；使用的样板成本低，仅为镗模成本的1/7～1/9，单件小批生产的大型箱体零件加工常用此法。

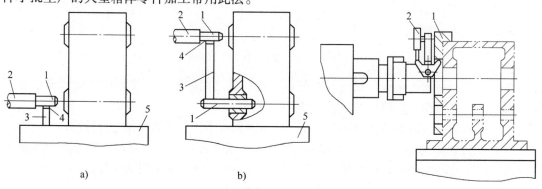

图4-2　心轴和量块找正法　　　　　　　　图4-3　样板找正法
a）第一工位　b）第二工位　　　　　　　　　1—样板　2—千分尺
1—心轴　2—镗床主轴　3—量块　4—塞尺　5—镗床工作台

④定心套找正法。如图4-4所示，先在工件上划线，再按线攻螺纹孔，然后装上形状精度高而光洁的定心套，定心套与螺钉间有较大间隙，然后按图样要求的孔距公差的1/3～1/5调整全部定心套的位置，并拧紧螺钉。复查后即可上机床，按定心套找正镗床主轴位置，卸下定心套，镗出一孔。每加工一个孔找正一次，直至孔系加工完毕。此法工装简单，可重复使用，特别适于单件生产的大型箱体，以及在没有坐标镗床的条件下加工钻模板上的孔系。

2）镗模法（见图 4-5）。镗模法即利用镗模夹具加工孔系。镗孔时，工件装夹在镗模上，镗杆被支承在镗模的导套里，增加了系统刚度。这样，镗刀便通过模板上的孔将工件上相应的孔加工出来。机床精度对孔系加工精度影响很小，孔距精度主要取决于镗模的制造精度，因而可以在精度较低的机床上加工出精度较高的孔系。当用两个或两个以上的支承来引导镗杆时，镗杆与机床主轴必须是浮动连接。

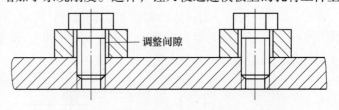

图 4-4　定心套找正法

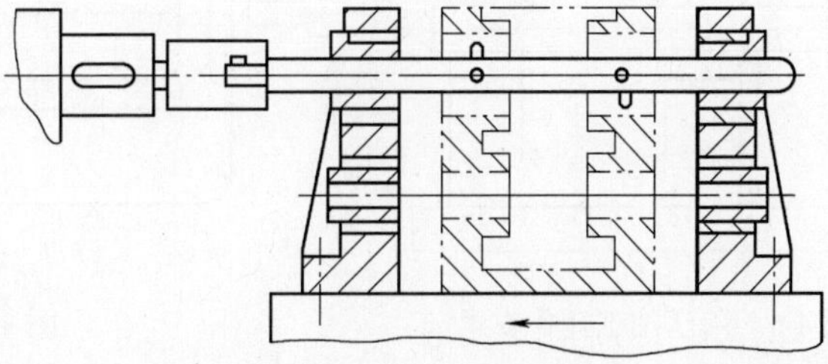

图 4-5　镗模法

使用镗模法加工孔系时，镗杆的刚度大大提高，定位夹紧迅速，节省了调整、找正的辅助时间，生产效率高，是中批生产、大批大量生产中广泛采用的加工方法。但由于镗模自身的制造误差，以及导套与镗杆之间存在间隙与磨损，所以孔距的精度一般为 0.05mm。同轴度误差和平行度误差从一端加工时可达 0.02～0.03mm，当分别从两端加工时可达 0.04～0.05mm。此外，镗模的制造精度要求高、周期长、成本高，大型箱体零件的加工较少采用镗模法。用镗模法加工孔系，既可在通用机床上进行，也可在专用机床或组合机床上进行。

3）坐标法。坐标法是在普通卧式镗床、坐标镗床或数控镗铣床等设备上，借助于测量装置，调整机床主轴与工件在水平和垂直方向的相对位置来保证孔距精度的一种镗孔方法。

在箱体的设计图样上，由于有齿轮啮合，故对孔距尺寸有严格的精度要求。采用坐标法镗孔之前，必须把各孔距尺寸及公差借助三角几何关系及工艺尺寸链规律换算成以主轴孔中心为基准的尺寸及公差。

坐标法镗孔的孔距精度取决于坐标的移动精度，实际上就是坐标测量装置的精度。坐标测量装置的主要形式如下：

①普通刻线尺、游标尺加放大镜，其位置精度为 0.1～0.3mm。

②百分表与量块，一般与普通刻线尺配合使用。普通镗床用百分表和量块来调整主轴垂直和水平位置，百分表装在镗床头架和横向工作台上，其位置精度可达 0.02～0.04mm。这种装置调整费时，效率低。

③经济刻度尺与光学读数头，这是用得最多的一种测量装置，操作方便，精度较高。经济刻度尺任意两划线间误差不超过 5μm，光学读数头的读数精度为 0.01mm。

④光栅数字显示装置和感应同步器。其读数精度高，一般为 0.0025～0.01mm。

（2）同轴孔系的加工　成批生产一般采用镗模加工孔系，其同轴度由镗模保证。单件小批生产时，其同轴度用以下几种方法来保证：

1）利用已加工孔作支承导向。如图 4-6 所示，当箱体前壁上的孔加工好后，在孔内装一导向套，支承和引导镗杆加工后壁上的孔，以保证两孔的同轴度要求。此法适于加工箱壁较近的孔。

2）利用镗床后立柱上的导向套支承镗杆。镗杆系两端支承，刚度好；但此法调整麻烦，镗杆要长，很笨重，故只适于大型箱体的加工。

3）采用调头镗。当箱体的箱壁相距较远时，可采用调头镗，如图 4-7 所示。工件在一次装夹下，镗好一端孔后，将镗床工作台回转 180°，调整工作台位置，使已加工孔与镗床主轴同轴，然后再加工另一个孔。

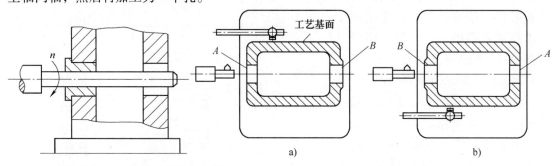

图 4-6 用已加工孔作支承   图 4-7 调头镗对工件的校正

当箱体上有一较大且与所镗孔轴线有平行度要求的平面时，镗孔前应先用装在镗杆上的百分表对此平面进行校正，使其与镗杆轴线平行。如图 4-7a 所示，校正后加工 A 孔。孔加工后，再将工作台回转 180°，并用装在镗杆上的百分表沿此平面重新校正，如图 4-7b 所示。然后再加工 B 孔，就可保证 A、B 孔同轴。若箱体上无大的加工好的工艺基面，也可将平行长铁置于工作台上，使其表面与待加工的孔轴线平行并固定。调整方法同上，其结果也可达到两孔同轴的目的。

（3）交叉孔系的加工 交叉孔系的主要技术要求是控制有关孔的垂直度误差，在普通镗床上主要靠机床工作台上的 90°对准装置控制此误差，它是挡块装置，结构简单，但对准精度低。有些镗床工作台 90°对准装置精度很低，可用心轴与百分表找正，即在加工好的孔中插入心轴，工作台转位 90°，移动工作台，用百分表找正，如图 4-8 所示。

2. 箱体的平面加工

平面加工有刨削、铣削、拉削及磨削等方法。刨削和铣削常用作平面的粗加工和半精加工，而磨削则用作平面的精加工。此外还有刮研、研磨、超精加工及抛光等光整加工方法。箱体平面的粗加工和半精加工常选择铣削和刨削加工。

（1）铣削加工 铣削是平面加工中应用最普遍的一种方法，利用各种铣床、铣刀和附件，可以铣削平面、沟槽、弧形面、

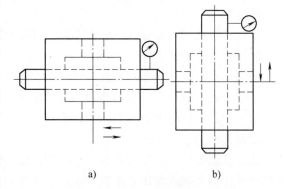

图 4-8 找正法加工交叉孔系

螺旋槽、齿轮、凸轮和特形面。一般经粗铣、精铣后，尺寸公差等级可达 IT9～IT7，表面粗糙度 Ra 值可达 12.5～6.3μm。铣削的主运动是铣刀的旋转运动，进给运动是工件的直线运动。

（2）刨削加工 刨削是单件小批生产时平面加工最常用的方法，公差等级一般可达 IT9～IT7，表面粗糙度 Ra 值为 12.5～1.6μm。刨削可以在牛头刨床或龙门刨床上进行。刨削的

主运动是刨刀的变速往复直线运动。因为在变速时有惯性,限制了切削速度的提高,并且在回程时不切削,所以刨削加工生产效率低。但刨削所需的机床、刀具结构简单,制造安装方便,调整容易,通用性强。因此,刨削在单件、小批生产中,特别是加工狭长平面时被广泛应用。

三、相关实践知识

下面介绍一个组合机床生产线工艺规程设计实例。

待加工零件为 195 柴油机机体,如图 4-9、图 4-10 所示。

拟订组合机床生产工艺时应注意以下问题:

(1)组合机床的工艺范围 组合机床的工艺范围包括平面铣削、钻孔、扩孔、铰孔和镗孔,以及沟槽加工、螺纹加工和大台阶端面的加工等。

(2)确定工艺过程的原则 确定工艺过程的原则为:粗、精加工分开。粗、精加工分开有利于平衡工作节拍,保证零件的加工精度,简化组合机床的结构。

遵循工序集中原则。工序集中是现代制造技术的发展方向,组合机床就是按照工序集中的特点而设计的。采用组合机床可以在一台机床上同时对零件的几个表面进行切削加工,还可以采用多轴、多工位及复合刀具等方法来集中工序。

(3)组合机床的选择 组合机床包括单工位组合机床和多工位组合机床两大类。

单工位组合机床通常用于加工一个或两个工件,特别适用于箱体零件的加工。单工位组合机床有卧式单面、卧式双面、卧式三面、卧式四面、立式及复合式组合机床,可以同时对工件单面、双面或多面进行铣削、镗削及钻削等加工。

多工位组合机床通常用于对一个工件进行多道工序的加工,一般由移动工作台或回转工作台和多台动力头组成。

(4)拟订组合机床生产线工艺和结构方案 拟定组合机床生产线工艺和结构方案必须考虑生产线的生产效率和工作节拍。为了平衡生产线的工作节拍,要计算生产线上工序最长的机动时间 $t_{序}$,当 $t_{序}$ 小于节拍时间时,可适当降低工序的切削用量;当 $t_{序}$ 大于节拍时间时,可将该工序分成几个工步进行,或者增加平行加工工位;若相差不多时,也可以适当加大该工序的切削用量。

本实例选自某公司的组合机床生产线。下面是加工 195 柴油机机体组合机床生产线工艺规程的拟订过程。

1)生产类型和工艺特征。零件为大批生产,机体加工表面多,加工量大。为提高生产效率,采用组合机床自动生产线加工。

2)零件的工艺分析。机体是柴油机的重要零件,零件各表面的加工精度决定了柴油机的装配精度和整体的质量。零件为薄壁箱体,结构复杂。零件的六个面都需加工,并有相互位置精度要求;零件在三个面上分布有多个同轴孔系和平行孔系,孔的尺寸精度和位置精度都有较高的要求。机体的加工还包含螺纹孔和定位销孔。因此,机体的主要加工内容为平面和孔系。

3)确定机体毛坯的制造方式和机械加工余量。零件为大批生产,在组合机床生产线上加工的零件要求装夹方便、定位准确。为提高毛坯的制造精度,铸件采用金属模砂型机器造型,零件材料为 HT200。

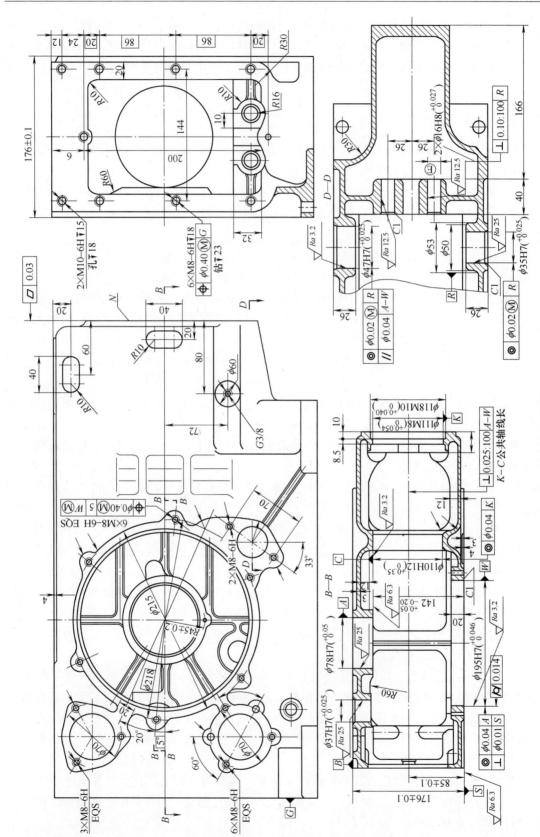

图 4-9 柴油机机体（一）

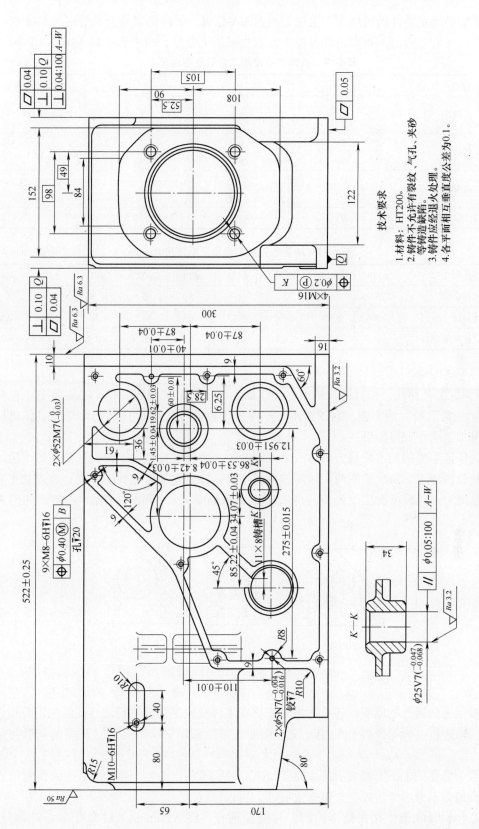

技术要求

1.材料：HT200。
2.铸件不允许有裂纹、气孔、夹砂等铸造缺陷。
3.铸件应经退火处理。
4.各平面相互垂直度公差为0.1。

图4-10　柴油机机体（二）

查手册可确定铸件的机械加工余量等级为 MA-G 级，铸件的尺寸公差等级为 CT8 级，可确定铸件尺寸公差数值，查得铸件各加工面的机械加工余量，列于表 4-14 和表 4-15 中。

表 4-14　机体各平面加工余量及毛坯尺寸　　　　　　（单位：mm）

零件公称尺寸	加工面	加工余量	毛坯尺寸	毛坯尺寸极限偏差
长 522	N	6.5	535	±1.3
	G	6.5		
宽 176	B	6	188	±1
	S	6		
高 300	D	6.5	311	±1.1
	Q	4.5		
气缸孔中心高 170	Q	4.5	174.5	±1

表 4-15　机体各孔加工余量及毛坯尺寸　　　　　　（单位：mm）

零件尺寸	ϕ118	ϕ111	ϕ110	ϕ195	ϕ78	ϕ52	ϕ17	ϕ37	ϕ35
单面余量	5	5	5	6	5	5	4.5	1.5	4.5
毛坯尺寸	ϕ108	ϕ101	ϕ100	ϕ183	ϕ68	ϕ12	ϕ38	ϕ28	ϕ26
毛坯尺寸极限偏差	±0.9	±0.9	±0.8	±1	±0.8	±0.7	±0.6	±0.6	±0.6

零件毛坯图略。

4）拟订工艺路线。拟订组合机床生产线加工顺序与工艺规程一样，必须遵循"粗精分开"和"先粗后精"的原则，对于箱体类零件还应遵循"先面后孔"的原则。机体机械加工方法和加工顺序安排如下：

①为保证零件的加工质量，机体六个平面的加工分粗、精铣两个阶段进行，每个阶段分三次进行铣削加工，每次铣削两个相对的平行平面。按照先加工基面的原则，首先加工零件的安装基面 Q，同时可加工上面 D，再依次加工两侧面 B、S 和前后端面 G、N，如图 4-11所示。

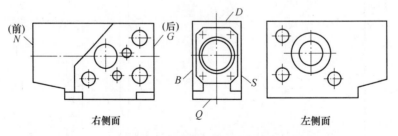

图 4-11　机体各加工面、孔示意图

②按照先面后孔的原则，各孔的加工安排在零件精铣平面后进行。各孔的加工分粗、精镗两个阶段进行。为保证各孔的相互位置精度，零件采用一次装夹后三面多轴同时镗削加工。

③各面螺孔的加工安排在孔系加工后进行，便于以孔定位，保证各螺孔的相对位置精度。螺孔的加工分两个阶段，先钻螺纹底孔，再攻螺纹。

④2 个 ϕ16H8 挺柱孔在机体内部，与前面垂直，以 ϕ118mm 气缸套孔中心对称分布。

由于孔的位置不在机体表面，不能与其他孔同时加工，只能单独加工。孔的加工分钻削、扩削及铰削三个工序完成。为了减少工件的装夹次数，体现组合机床的特点，采用立式回转工作台四工位加工。零件一次装夹后在三个工位完成钻削、扩削及铰削加工，另一工位用于装卸工件。

机体零件机械加工工艺路线见表4-16。

表4-16 机械加工工艺路线

工序号	工 序 内 容	说 明
10	粗铣上面 D、下面 Q	先加工安装基准面 Q
20	粗铣两侧面 B、S	粗加工侧面
30	粗铣前、后端面 G、N	粗加工前、后端面
40	精铣上、下面	精加工基准面
50	精铣两侧面	精加工侧面
60	精铣前、后端面	精加工端面
70	粗镗两侧面和前面各孔	粗镗各孔
80	精镗两侧面、前面各孔	孔精加工
90	钻两侧面、前面螺纹底孔	次要表面加工安排在孔系加工后进行
100	钻上、下面和后面螺纹底孔	同上
110	钻、铰 $2 \times \phi 5$mm 定位销孔	
120	攻两侧面和前面螺孔的螺纹	
130	攻上、下面和后面三面螺孔的螺纹	
140	钻、扩、铰 $2 \times \phi 16$H8 挺柱孔	

5）工序设计

①选择加工设备和工装设备。工序10、20、30为粗铣上、下面，两侧面，以及前、后面。选用卧式双面粗铣组合机床（见图4-12），工件用专用夹具装夹，一次进给同时铣削两个平面，选用 $\phi 315$mm 硬质合金粗齿端面可转位铣刀和专用测量卡板。

工序40、50、60为精铣上、下面，两侧面，以及前、后面。选用卧式双面精铣组合机床、精铣夹具、$\phi 315$mm 可转位端面铣刀，以及（300 ± 0.2）mm、（176 ± 0.1）mm 和（522 ± 0.25）mm 测量卡板。

工序70、80为粗镗、精镗三面各孔，为保证各孔的相互位置精度，选用单工位三面复合式组合镗床。工件一次装夹后由三个动力头带动多根镗杆同时镗削加工。

根据各孔的位置可确定各镗杆的结构和镗刀布置如下：

后面用一镗杆，采用复合镗刀镗削气缸套 $\phi 118$mm、$\phi 111$mm 及 $\phi 110$mm 同轴孔系，保证同轴度要求。

左侧面用一镗杆、复合镗刀镗削 $\phi 78$mm、$\phi 195$mm 同轴孔，并刮削尺寸为 142mm 端面。左侧面用另一镗杆和复合镗刀镗削 $\phi 52$mm 同轴孔。

右侧面有三根镗杆，分别镗削 $\phi 47$mm、$\phi 35$mm 同轴孔和 $\phi 37$mm、$\phi 25$mm 孔。

零件各孔径的测量选用专用量块，$\phi 47$mm/$\phi 35$mm、$2 \times \phi 52$mm 及 $\phi 78$mm/$\phi 195$mm 三组同轴孔选用同轴度检具检测同轴度误差。

工序90、100为钻两侧面、前面、上、下面及后面螺纹底孔，选用卧式三面多孔钻组合机床，多孔钻夹具，以及钻孔、倒角复合钻，选用底孔塞尺和深度塞尺检验。

工序 110 为钻铰 2 × ϕ5mm 定位销孔，选用立式单面上工位多孔钻组合机床、定位销孔钻铰夹具、ϕ48mm 钻头及 ϕ5mm 平头铰刀。

工序 120、130 为各面攻螺纹，选用卧式三面多孔攻螺纹组合机床、三面攻螺纹夹具、攻螺纹靠模及螺纹塞尺。

工序 140 为钻、扩、铰 2 × ϕ16H8 挺柱孔，选用立式回转工作台四工位多孔钻组合机床，选用钻挺柱孔夹具、ϕ14.5mm 麻花钻、ϕ15.8mm 扩孔钻、ϕ16mm 铰刀，用 ϕ16H8 全形塞尺检验。

②选择定位基准。选择组合机床生产线加工所用的工件定位基准面时，要注意保证工件的加工精度和简化工件的装夹过程。因此，所选基面应便于实现多面加工，以减少工件的装夹次数和工件在生产线上的转位和翻转次数；当不能在同一工位上加工相互位置精度要求很高的几个平面时，可以采取以相关平面互为基准的办法进行加工；对于箱体加工，一般采用一面二孔定位或采用两个相互垂直的平面及一个止推面定位，便于装夹。下面对主要工序的定位方式进行分析。

工序 10 粗铣上、下平面。为保证机体的两个侧面与底面垂直，可选机体的一个侧面为第一定位面，这样有利于下道工序以底面为基准铣两侧面时保证铣削深度均匀。工件的上、下平面为装配基准面，气缸孔中心到底面的距离为 170mm，为保证其到毛坯孔的中心距，则可以 ϕ118mm 毛坯孔定位. 但考虑到以毛坯孔定位时定位元件结构复杂，安装也不方便，故铸件采用金属模砂型机器造型，毛坯精度较高，ϕ118mm 毛坯孔中心高为 (174.5 ±1) mm，可以选用底面安装凸台的不加工面为第二定位面。这样既可保证安装凸台的厚度尺寸 16mm，也能间接保证中心高 170mm。以后面作为止推定位面可承受一定的进给铣削力。工件的定位方案如图 4-12 所示。

工序 20 粗铣两侧面。工件以底面（已加工安装基面）作为第一定位面，为了保证两个加工侧面与前端面垂直，并满足对气缸套孔中心的对称度要求（尺寸为 88mm ± 0.1mm），工件以前端面（毛坯）为第二定位面，ϕ118mm 毛坯孔为第三定位面。毛坯孔定位采用带锥度可伸缩的菱形销，定位方案如图 4-13 所示。

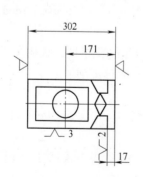

图 4-12　粗铣上下面定位方案

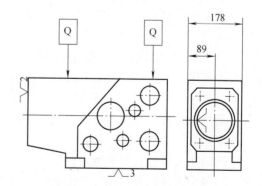

图 4-13　粗铣两侧面定位方案

工序 30 粗铣前、后端面。工件以底面（安装基面）为第一定位面，以已加工面一侧面为第二定位面，可保证三个面的相互垂直度要求。以 ϕ195mm 毛坯孔为第三定位面，可保证粗加工工序尺寸 328mm 和 524mm，定位方案如图 4-14 所示。

工序 40、50、60 为精铣各面。由于各精铣平面余量仅 1mm，为了保证各加工面有均匀的加工余量，选用各加工面本身作为定位基准。定位元件采用可移动式定位块，工件夹紧后，定位块转向离开工件需加工的表面，定位方案如图4-15～图4-17所示。

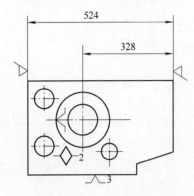

图4-14　粗铣前、后端面定位方案

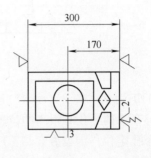

图4-15　精铣上、下面定位方案

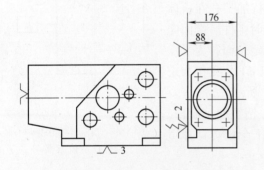

图4-16　精铣两侧面定位方案

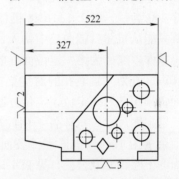

图4-17　精铣两端面定位方案

工序70、80为粗、精镗两侧面及前面各孔。为了使基准统一，保证各孔中心与底面平行并与端面垂直，仍然以零件底面为第一定位面，以侧面为第二定位面，以零件的后面为第三定位面，定位方案如图4-18所示。

工序90为钻两侧面及前面螺纹底孔。各螺孔相对各轴承孔都有一定的位置精度要求，所以工件除选用底面和一侧面定位外，还需选用 ϕ47H7 孔定位。定位元件用削边销，定位方案如图4-19所示。

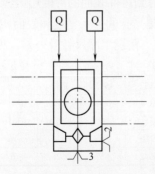

图4-18　粗、精镗两侧面及前面各孔定位方案

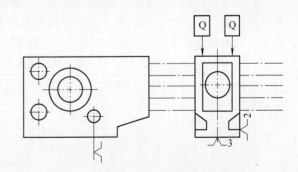

图4-19　钻两侧面及前面螺纹底孔定位方案

工序100为钻上、下面及后面螺纹底孔。为保证各螺孔的相互位置精度，零件以一侧面及两轴孔定位，定位方案如图4-20所示。

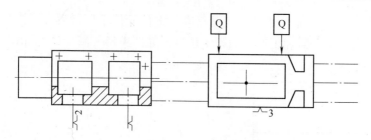

图 4-20　钻上、下面及后面螺纹底孔定位方案

工序 110 为钻、铰 2 × φ5N7 定位销孔。2 × φ5N7 为机个体盖的定位销孔，其相对于 φ78H7、φ37H7 两个孔有很高的位置精度要求，所以工件以一个侧面和两个孔定位，定位方案与工序 100 相同。

工序 120、130 为在两个侧面，上、下面，以及后面攻螺纹。定位基准和定位方案与钻底孔时相同。

工序 140 为钻、铰 2 × φ16H8 挺柱孔。由于待加工孔在机体内，钻头只能从机体后端内腔中钻入，所以钻孔时工件后端面向上安装，零件以底面为第一定位面，前面为第二定位面，为了保证 2 × φ16mm 孔对气缸套孔的对称要求，零件以 φ118 孔作为定位基准面，采用菱形销定位，定位方案如图 4-21 所示。

③确定工序尺寸。机体各平面的加工分粗、精铣两个阶段，精铣平面余量为 1mm，根据零件各面的机械加工余量可计算得到各平面的工序尺寸及公差，见表 4-17。

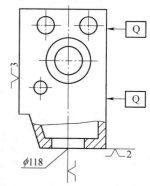

图 4-21　钻、铰 φ16mm 挺柱孔定位方案

表 4-17　机体各平面加工余量及工序尺寸　（单位：mm）

毛坯尺寸	加工面	粗铣余量	粗铣工序尺寸	精铣余量	精铣工序尺寸
535 ± 1.3	N G	5.5 5.5	524js11	1	522 ± 0.25
188 ± 1	B S	5 5	178js11	1	176 ± 0.1
311 ± 1.1	D Q	5.5 3.5	302js11	1	300

机体的各孔加工采用粗、精镗两次加工。粗镗时，考虑到铸件表面的冷硬层，镗刀的背吃刀量一般不小于 3mm。精镗时，为减小切削力和夹紧力，提高孔的加工精度和表面质量，加工余量一般不超过 0.4 ~ 0.5mm。查阅相关手册可确定各孔粗、精镗工序尺寸及公差，见表 4-18。

表 4-18　机体各孔工序尺寸　（单位：mm）

精镗孔尺寸	φ118	φ111	φ110	φ195	φ78	φ52	φ47	φ37	φ35	φ25
精镗余量（直径）	0.5	0.5	0.5	0.5	0.5	0.4	0.4	0.4	0.4	0.3
粗镗工序尺寸（H12）	φ117.5	φ110.5	φ109.5	φ194.5	φ77.5	φ51.6	φ46.6	φ36.6	φ34.6	φ24.7
粗镗余量（直径）	9.5	9.5	9.5	10.5	9.5	9.6	9.6	8.6	8.6	8.7
毛坯孔尺寸	φ108	φ101	φ100	φ184	φ68	φ42	φ37	φ28	φ26	φ16

④确定切削用量。用组合机床加工零件时，一般为多刀同时工作，为使机床能正常工作，能不经常停车换刀而达到较高的生产率，选择的切削用量比在通用机床上加工时要低约 30% 左右。

查阅相关手册选择铣削用量，见表 4-19。

表 4-19　机体铣平面的切削用量

工序	背吃刀量 a_p/mm	铣削速度 $v_c/\text{m} \cdot \text{min}^{-1}$	铣刀转速 $n/\text{r} \cdot \text{min}^{-1}$	每齿进给量 $a_f/\text{mm} \cdot z^{-1}$
粗铣	2.5	50	50	0.2
精铣	1	80	80	0.05

组合机床镗孔加工一般为多轴同时切削，由一个动力头完成进给运动，所以每分钟的进给量是相同的，但每根镗杆的转速可以不一样，以便选择较合适的每转进给量。

查阅相关手册，选取精镗孔的切削速度为 80m/min，每转进给量为 0.12 ~ 0.15mm，由公式可计算各镗杆的转速。为了使各镗刀的每转进给量控制在 0.12 ~ 0.15mm 内，以达到零件的表面粗糙度要求，可选择合适的动力头进给速度。根据这一原则，左侧动力头各镗杆精镗孔切削用量的选择见表 4-20。粗镗孔切削用量略。

表 4-20　机体左侧面各精膛孔的切削用量

镗杆	镗孔直径	主轴转速/$\text{r} \cdot \text{min}^{-1}$	动力头进给速度/$\text{mm} \cdot \text{min}^{-1}$	每转进给量/$\text{mm} \cdot \text{r}^{-1}$
1	$\phi47/\phi35$	500	75	0.15
2	$\phi37$	600	75	0.125
3	$\phi25$	750	75	0.10
4	$\phi52$	800	75	0.15

钻、扩、铰 $2 \times \phi16H8$ 挺柱孔切削用量的选择。加工 $2 \times \phi16H8$ 孔选用立式转台四工位多轴组合机床，用三个动力头分别完成钻、扩、铰加工。查阅相关手册可确定切削用量，见表 4-21。

表 4-21　机体钻、扩、铰 $\phi16H8$ 孔的切削用量

工　序	切削速度/$\text{m} \cdot \text{min}^{-1}$	每转进给量/$\text{mm} \cdot \text{r}^{-1}$	转速/$\text{r} \cdot \text{min}^{-1}$	进给速度/$\text{mm} \cdot \text{min}^{-1}$
钻	14	0.2	280	56
扩	14	0.2	280	56
铰	4	1.2	80	96

机体后面各螺纹孔攻螺纹的切削用量选择。机体后面有两种规格（M8、M10）螺孔，采用一个动力头多轴攻螺纹。攻螺纹时，丝锥的进给量等于螺纹的导程，而动力头却是以同一个进给速度进给的。为了调整不同规格丝锥的每转进给量，在动力头前面设置了攻螺纹靠模机构，它可以使不同规格的丝锥相对主轴有一个相对移动。按照螺纹本身的导程进给，动力头的进给量只需取一个与导程接近的数值即可。

查阅相关手册得攻螺纹的切削速度为 2.5m/min，则可计算丝锥的转速。攻 M8、M10 螺纹孔切削用量见表 4-22。

表 4-22　机体后面攻螺纹的切削用量

螺孔	螺距/mm	主轴转速/$\text{r} \cdot \text{min}^{-1}$	计算进给速度/$\text{mm} \cdot \text{min}^{-1}$	实际进给速度/$\text{mm} \cdot \text{min}^{-1}$
M10	1.5	80	$80 \times 1.5 = 120$	122.5（平均值）
M8	1.25	100	$100 \times 1.25 = 125$	

⑤填写工艺过程卡片和工序卡片。本实例选择了部分工序填写工序卡片，见表 4-23 ~ 表 4-26。组合机床生产线如图 4-22 所示。

表 4-23　机械加工工艺过程卡片

机械加工工艺过程卡片	产品型号		零（部）件图号				
	产品名称	柴油机	零（部）件名称	机体	共（ ）页	第（ ）页	

材料牌号	毛坯种类	毛坯外形尺寸	每毛坯可制件数	每台件数	备注
HT200	铸件	522mm×300mm×176mm	1	1	

工序号	工序名称	工序内容	车间	设备	工艺装备	备注	工时（准终/单件）
10		粗铣上、下面		组合铣床	上、下面粗铣夹具		
20		粗铣两侧面		组合铣床	两侧面粗铣夹具		
30		粗铣两端面		组合铣床	两端面粗铣夹具		
40		精铣上、下面		组合铣床	上、下面精铣夹具		
50		精铣两侧面		组合铣床	两侧面精铣夹具		
60		精铣两端面		组合铣床	两端面精铣夹具		
70		粗镗两侧面及前面各孔		组合镗床	镗模、镗杆、复合镗刀		
80		精镗两侧面及前面各孔		组合镗床			
90		钻两侧面及前面螺纹底孔		多孔钻	钻夹具、复合钻		
100		钻上、下面及后面螺纹底孔		多孔钻	钻夹具、复合钻		
110		钻、铰 φ5mm 定位销孔		多孔钻	钻夹具		
120		两侧面及前面攻螺纹		三面攻丝机	三面攻螺纹夹具		
130		上、下面及后面攻螺纹		三面攻丝机	三面攻螺纹夹具		
140		钻、扩、铰挺柱孔		多孔钻	钻夹具		
150		检验、入库					

			设计（日期）	审核（日期）	标准化（日期）	会签（日期）
标记	处数	更改文件号	签字	日期		
标记	处数	更改文件号	签字	日期		

表 4-24　机械加工工序卡片 (工序 10)

机械加工工序卡片	产品型号		零(部)件图号			共 页	第 页
	产品名称	柴油机	零(部)件名称	机体			

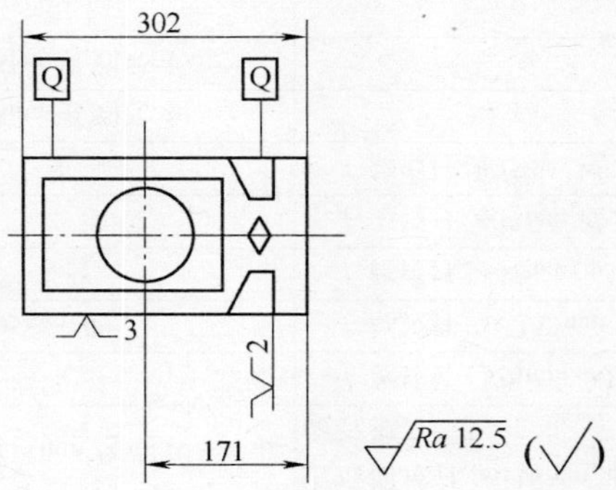

车间	工序号	工序名称	材料牌号
	10	铣	HT200

毛坯种类	毛坯外形尺寸	每毛坯可制件数	每台件数
铸件	535mm×311mm×188mm	1	1

设备名称	设备型号	设备编号	同时加工件数
组合铣床			1

夹具编号	夹具名称	切削液
	上、下面粗铣夹具	

工位器具编号	工位器具名称	工序工时	
		准终	机动

$\sqrt{Ra\,12.5}$ (√)

（图示：302、171 尺寸）

工步号	工步内容	工艺设备	主轴转速 /r·min⁻¹	切削速度 /m·min⁻¹	进给量 /mm·r⁻¹	背吃刀量 /mm	进给次数	工步工时 机动	辅助
1	粗铣底面至气缸套孔中心171mm	上、下面粗铣夹具 φ315mm可转位面铣刀(左、右) 275~300mm外径千分尺 (302±0.2)mm卡板	50	50	0.2	5.5	1		
	粗铣上面至尺寸302mm		50	50	0.2	3.5	1		

			设计(日期)	审核(日期)	标准化(日期)	会签(日期)

标记	处数	更改文件号	签字	日期	标记	处数	更改文件号	签字	日期

表 4-25　机械加工工序卡片（工序 70）

右侧面：φ37H7、φ78H7、φ47H7
后面：φ110H7/φ111H8/φ118H10、φ25V7
左侧面：φ195H7、φ35H7、4×φ52M7

机械加工工序卡片	产品型号		零(部)件图号					共　页	第　页
	产品名称		零(部)件名称						
	车间		工序号 70		工序名称 镗孔			材料牌号 HT200	
	毛坯种类 铸件		毛坯外形尺寸 535mm×311mm×188mm		每毛坯可制件数 1			每台件数 1	
	设备名称 三面多轴镗床		设备型号		设备编号			同时加工件数 1	
	夹具编号		夹具名称 专用镗夹具					切削液	
	工位器具编号		工位器具名称					工序工时 准终　单件	

工步号	工步内容	工艺装备	主轴转速 /r·min⁻¹	切削速度 /m·min⁻¹	进给量 /mm·r⁻¹	进给次数	工步工时 机动 辅助
1	精镗 φ118mm、φ111mm 及 φ110mm 孔	后面镗杆、φ118mm、φ111mm、φ110mm 复合镗刀					
2	精镗 φ78mm、φ195mm 孔	左侧镗杆、φ78mm、φ195mm 复合镗刀					
3	精镗 φ52mm 孔	左侧镗杆 2×φ52mm 复合镗刀	500		0.15		
4	精镗 φ47mm、φ35mm 孔到尺寸	右侧镗杆、φ47mm、φ35mm 复合镗刀	600		0.125		
5	精镗 φ37mm、φ25mm 孔到尺寸	右侧镗杆、φ37mm 镗刀 右侧镗杆、φ25mm 镗刀	750		0.10		

			设计(日期)	审核(日期)	标准化(日期)	会签(日期)
标记	处数	更改文件号	签字	日期		
标记	处数	更改文件号	签字	日期		

表 4-26　机械加工工序卡片（工序 140）

机械加工工序卡片	产品型号		零(部)件图号			第　页　共　页
	产品名称		零(部)件名称			材料牌号　HT200

工序号	工序名称	车间	每台件数
140	钻扩、铰 φ16 孔		

毛坯种类	毛坯外形尺寸	每毛坯可制件数	同时加工件数
铸件		1	1

设备名称	设备型号	设备编号	切削液
组合机床	GZ-UZ44		

夹具编号	夹具名称	工位器具编号	工位器具名称	工序工时
	钻扩、铰夹具			准终　　单件

$2\times\phi16H8$　$\phi118$　$\sqrt{Ra\,1.6}$　$(\checkmark)$

工步号	工步内容	工艺装备	主轴转速 /r·min⁻¹	切削速度 /m·min⁻¹	进给量 /mm·r⁻¹	背吃刀量 /mm	进给次数	工步工时 机动	工步工时 辅助
1	铰 φ14.5mm 孔	铰、扩，铰夹具	280	14	0.2		1		
2	扩孔 φ15.8mm	φ14.5mm 铰头	280	14	0.2		1		
3	铰孔 φ16H8($^{+0.027}_{0}$)	φ15.8mm 扩孔钻	80	4	1.2		1		
		φ16H8 机用铰刀							
		φ16H8 全形塞规							

				设计(日期)	审核(日期)	标准化(日期)	会签(日期)

标记	处数	更改文件号	签字	日期	标记	处数	更改文件号	签字	日期

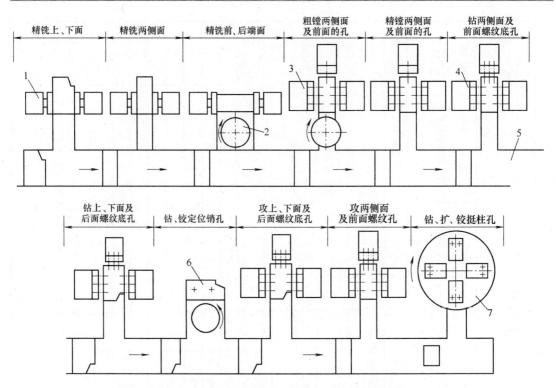

图 4-22　组合机床生产线示意图（不包括粗铣工序）

1—卧式双面铣组合机床　2—回转工作台　3—卧式三面镗组合机床　4—卧式三面多孔钻床　5—传送架
6—立式单面多孔钻床　7—立式回转工作台

四、思考与练习

1. 什么是孔系？普通机床加工孔系的方法有哪几种？
2. 试举例说明箱体平面加工各种方法的特点和适用范围。

模块 3　箱体零件的数控加工

一、教学目标

最终目标：熟悉箱体零件的数控机床加工。

促成目标：

1）熟悉箱体零件数控机床加工的操作方法。

2）能编制箱体零件的数控机床加工工艺。

3）能按实际操作结果对所编工艺文件及实施过程进行评估。

二、案例分析

箱体属于薄壁类零件，在装夹时容易变形。因此，在加工时，不仅要选择合理的夹紧、定位点，还要控制切削力的大小。由于箱体上孔系的位置公差要求较高，连接孔、连接面较多，故在加工时需要采用工序相对集中的方法。这种结构特点和技术要求决定了使用加工中心是较优化的选择。

LK32-20011 主轴箱箱体采用加工中心进行加工，其工艺具有如下特点：

1）粗加工与精加工分开进行，可以消除零件加工时的内应力变形，提高加工效率。

2）用作精基准的部位（底面及定位槽）优先加工，使后序部位的加工具有一个统一的工艺基准，简化了后序的设备工装，减小了工件的定位误差。

3）与传统的组合机床生产线相比，工艺路线大幅缩减，减小了机床的占地面积，减小了零件搬运过程中的磕碰伤几率。

4）柔性化程度更高，可以在一条生产线上加工多个品种，满足市场多样化的需求。

5）高刚度、高切削速度硬质合金刀具的广泛使用，提高了机床的加工效率。钻削加工的切削速度可达 120m/min，铣削加工的每齿进给量可达到 0.3mm、背吃刀量可达 6~8mm。加工中心刚度好，各主轴电动机功率大，采用硬质合金刀具替代组合机床上常用的高速工具钢刀具，可将加工效率提高 3~5 倍，并能大大提高加工精度，在大批生产时可以完全满足产品和工艺的要求。虽然单件刀具成本略有提高，但是从人工成本、设备折旧和产品的性能价格比等多方面考虑，其总体费用有大幅度的下降。

6）机床具备自动测量和刀具磨损补偿功能，使得其在精镗轴承孔等精加工工序中，批量加工公差等级稳定在 IT6 以上。

三、相关知识点

1. 工艺规程设计要点

加工中心是高效率、高精度的自动化加工设备，与传统的制造工艺相比，工件一次装夹后可连续对工件的各个面自动完成铣削、镗削、钻孔、扩孔、铰孔及攻螺纹等多工序加工，切削过程全部由数字控制系统按预先输入的控制程序自动完成。

使用加工中心加工零件，其工艺过程编制要注意以下几个方面：

1）推荐的加工顺序为：铣大平面（粗、精铣分开）→粗镗孔、半精镗孔→立铣加工→需在实体上加工孔的位置先钻中心孔→钻孔→攻螺纹→孔、面的精加工（铰削、镗削或精铣等）。

2）零件在未加工之前要先安排一准备工序，即必须先加工一安装面。选择安装面时必须考虑零件在一次装夹后能在几个方向对零件表面进行切削加工。

3）每个工序均须遵循由粗渐精的原则。先进行粗加工，去除毛坯上的大部分余量，然后加工一些发热量小、精度要求不高的表面，使零件在精加工之前有充分的时间冷却。最后进行精加工。

4）每个工序必须尽量减少工件或刀具的空行程距离，减少刀具的更换次数。加工位置相近时，应依照顺序安排工序。

5）设计夹具时，必须为刀具运动留有足够的空间，刀具与零件不能干涉。

2. 夹具的选用

夹具是完成零件加工的重要保证，夹具设计得合理才能保证零件安装方便，满足加工精度要求。因此，设计夹具时，需考虑以下因素：

1）零件的定位基准与夹紧。加工中心可实现多工序的集中加工，零件在一次装夹后，既要粗铣、粗镗，又要精铣、精镗，故要求夹具既能承受较大的切削力，又要满足定位精度的要求。

2）夹具、零件与机床工作台面的连接方式。加工中心工作台面上要有基准T形槽、回转工作台中心定位孔及工作台面侧面基准等。

3）刀具的运动轨迹。夹具不能与各工序使用的刀具发生干涉。例如，使用面铣刀加工零件时，刀具在进给轨迹和退刀轨迹上不能与夹具的压紧螺栓、压板等发生干涉。由于钻头及镗刀杆等容易与夹具发生干涉，所以在加工箱体零件时可以考虑利用其内部空间来安排夹紧装置。

4）夹紧变形。设计夹具时必须考虑夹紧变形。零件在粗加工时，切削力较大，需要的夹紧力也大，但要防止将零件夹压变形。因此，必须慎重选择夹具的支承点、定位点和夹紧点。压板的夹紧点要尽可能接近支承点，避免把夹紧力加在零件无支承的区域。

5）夹具必须拆装方便。夹具的夹紧方式包括液压夹紧、气动夹紧和手动夹紧等。在零件毛坯尺寸合格的情况下，采用液压夹紧式和气动夹紧式夹具可以提高拆装零件的效率。

6）对批量不大，又经常变换品种的零件，应优先考虑使用成组夹具或组合夹具，以节省费用和准备时间。

四、相关实践知识

加工中心工艺规程设计实例。加工零件为机油泵泵体（见图4-23）。

（1）工艺分析　机油泵泵体零件材料为球墨铸铁，各平面加工余量为5mm，2×ϕ44.5mm孔半径留余量4mm，其余孔不铸出（毛坯图略）。

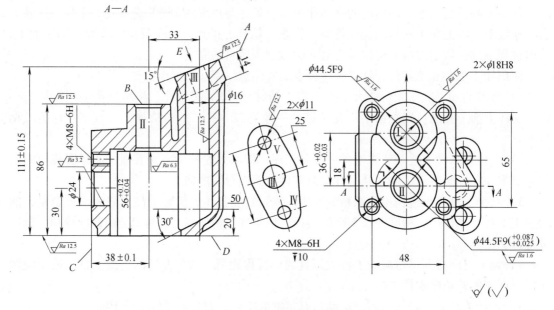

图4-23　机油泵泵体零件简图

机油泵泵体零件结构较复杂，其内腔是两个半圆孔，孔径和孔深尺寸分别为ϕ44.5$^{+0.087}_{+0.025}$ mm和56$^{+0.12}_{+0.04}$mm，两孔中心距尺寸为36$^{+0.02}_{-0.03}$mm。泵体外表有四个方向不同的平面需加工，泵体转子孔到装配基准面C的尺寸为（38±0.1）mm。其余的待加工孔包括油孔ϕ16mm、安装孔ϕ11mm、螺纹孔M8及泵体转子轴安装孔2×ϕ18H8。

（2）零件的定位基准选择及安装方法　如果采用通用机床按常规工艺加工，零件必须经多道工序、多次装夹才能完成对各面和孔的加工。为了保证各加工面的尺寸公差，零件要多次选择定位基准，并进行基准转换，给加工带来一定的困难。

零件在加工中心上的基准面选择，必须考虑到在一次装夹后能在多个工位加工尽可能多的表面，且不能妨碍切削时各种刀具的运动。安装面必须使定位准确、方便。

分析零件各加工面的技术要求，选择零件装配基准面 C 为在卧式加工中心上加工时的定位基准，既符合基准重合的原则，又能满足一次装夹完成多个表面加工的要求。

零件的安装方法如图 4-24 所示，零件以 C 面、ϕ18H8 孔及一螺纹底孔定位，用弯板装夹。定位元件为一面二销，在零件的一侧不加工面处用压板压紧工件，不影响各刀具的运动。

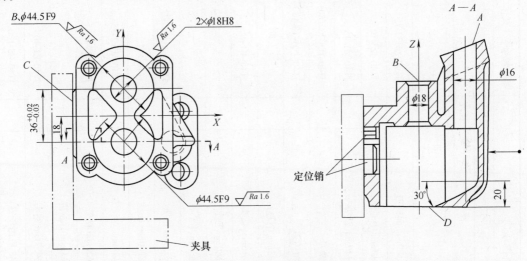

图 4-24　机油泵泵体安装图

零件的安装面必须在其他机床上预先加工好，所以应尽量减少预加工的余量。

零件在一次装夹后，通过工作台的回转使工件有三个加工工位。

1）工位一。铣 B 面、钻、镗 2 × ϕ18H8 孔，钻 ϕ16mm 孔。

2）工位二。工作台转 15°，铣 A 面，钻 2 × ϕ11mm 孔。

3）工位三。工作台转 165°，铣 D 面，镗 2 × ϕ44.5mm 孔，钻、攻 4 × M8 螺纹孔。

（3）加工方法和加工路线的选择　泵体零件的加工若采用通用设备和常规工艺，需要多台设备、多次安装及多道工序才能完成。用卧式加工中心加工只需一次安装，在三个工位就可完成全部工序。依据先面后孔、先粗后精的原则，以及加工中心加工顺序的特点，其加工方法和加工顺序安排如下：

1）一次铣削 B 面至图样尺寸。

2）在 2 × ϕ18mm 孔处钻中心孔（保证钻头定位准确）。

3）在 2 × ϕ18mm 孔处钻孔至 ϕ17mm。

4）粗镗孔至 ϕ17.8mm、精镗孔至 ϕ18H8。

5）在 ϕ16mm 孔处预钻中心孔。

6）一次钻 ϕ16mm 孔至图样尺寸。

表 4-27 泵体工艺规程卡片

程序号 O0002			产品型号		零件图号		零件名称 泵体		材料 QT600-3			编制	
工序号	工序内容	加工面至回转中心入	\<刀具\> T码	刀种	类	长度	刀辅具	S	F	t	刀具补偿	备注
	将工件安装在弯板夹具上，工件的回转中心与工作台回转中心重合											
1	铣 B 面到图样尺寸		T01	φ80mm 面铣刀			JT40-XM32-75	300	50		H01	
2	在 2×φ18mm 孔处钻中心孔		T02	φ3mm 中心钻			JT40-JZM10	1000	40		H02	
3	在 2×φ18mm 孔处钻孔至 φ17mm		T03	φ17mm 钻头			JT40-M1-45	400	30		H03	
4	粗镗孔至 φ17.8mm		T04	镗刀			JT40-TQC18-180	350	50		H04	
5	精镗 2×φ18mm 孔至图样尺寸		T05	精镗刀			JT40-TQW18-180	450	30		H05	
6	钻 φ16mm 中心孔		T02	φ3mm 中心钻				1000	40		T02	
7	钻 φ16mm 孔至尺寸		T06	φ16mm 钻头			JT40-M1-45	300	50		T06	
8	工作台转 15°，铣 A 面至图样尺寸		T01	φ80mm 面铣刀				300	50		T01	
9	在 2×φ11mm 孔处钻中心孔		T02	φ3mm 中心钻				1000	40		T02	
10	钻 2×φ11mm 孔至图样尺寸		T07	φ11mm 钻头			JT40-M1-45	500	40		T07	
11	工作台转 165°，铣 C 面至图样尺寸		T08	φ100mm 面铣刀			JT40-XM	200	50		T08	
12	粗铣 2×φ44.5mm 孔及底面		T09	φ20mm 立铣刀			JT40-MW2-55	250	50		T09	
13	精铣 2×φ44.5mm 孔至图样尺寸		T10	φ20mm 精铣刀			JT40-MW2-55	250	50		T10	
14	钻 4×M8 中心孔		T02	φ3mm 中心钻				1000	40		T02	
15	钻 4×M8 螺纹底孔		T11	φ6.7mm 钻头			JT40-Z1-40	500	20		T11	
16	攻 4×M8 螺孔		T12	M8 机用丝锥			JT40-G8-100	200	250		T12	

7）工作台转15°铣A面至图样尺寸。

8）在2×φ11mm孔处预钻中心孔。

9）钻2×φ11mm孔至图样尺寸。

10）工作台转165°，铣D面至图样尺寸。

11）2×φ44.5mm孔采用粗、精铣加工至图样尺寸。泵腔的两个半圆孔进行镗削加工时会由于让刀等原因很难保证同轴度要求，而且孔底接刀也达不到要求。在加工中心上加工可以用圆弧插补的方法采用立铣刀来加工半圆，这样可以保证孔底的平面度要求和孔的同轴度要求。

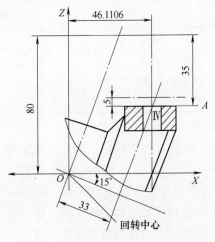

图4-25　机油泵泵体Ⅱ工位工件坐标系

12）在4×M8孔处钻中心孔。

13）钻4×M8螺纹底孔φ6.7mm。

14）攻4×M8螺孔。

泵体零件工艺规程卡见表4-27。

（4）建立零件三个工位的坐标系　建立工件坐标系是编制加工中心工艺规程的一个必要步骤。设定工件坐标系的实质是确定编程零点（即程序原点）。编程时，一般将刀具的起点和程序的原点设在同一处，这样可以简化程序，减少不必要的计算。在卧式加工中心上，一般把工件坐标系的原点设在工作台的回转中心线上，工件坐标系如图4-25、图4-26所示。

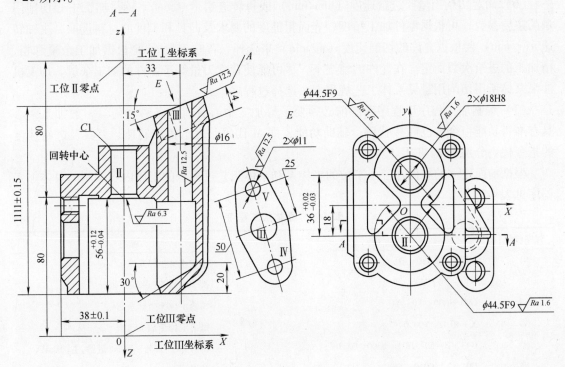

图4-26　机油泵泵体Ⅰ、Ⅱ工位工件坐标系

（5）选择加工设备、刀具和刀辅具　零件在加工中心上加工时的加工精度完全取决于机床的精度。国产加工中心按精度可分为普通型和精密型两种（见表4-28），普通型加工中心的公差等级可以达到IT7，精密型加工中心的公差等级可以达到IT6。在本例中，根据零件的主要加工面（$2 \times \phi18H8$、$2 \times \phi44.5F9$ 内孔面）及两孔中心距尺寸 $36^{+0.02}_{-0.03}$mm 要求，选择普通型加工中心就可以满足零件的加工精度要求。

表4-28　加工中心精度　　　　　　　　　　　　（单位：mm）

精 度 项 目	普 通 型	精 密 型
单轴定位精度	0.02/300	0.01/300
单轴重复定位精度	0.016	0.010
铣圆精度	0.04	0.025

根据零件结构特点和加工面的要求，选用卧式加工中心，型号为 XH754（青海第一机床厂制造）。该加工中心采用 FANUC-6M 控制系统，工作台尺寸为 400mm × 400mm；x、y、z 方向的行程分别为 500mm、400mm、400mm；刀库容量30（把）；主轴锥孔 ISO40。该加工中心最适于箱体零件的铣、钻、扩、镗、铰，以及攻螺纹等工序的加工。

加工中心使用的刀具应分为刀具部分和刀柄部分。刀具部分和通用刀具一样，刀柄要与机床主轴锥孔配合，并能与机床主轴自动拉紧、定位和松开。刀具储存在刀库中，由机械手自动进行选取、搬运和安装。我国已建立了 TSG 工具刀柄标准。

加工机油泵泵体的刀具和刀辅具选择见泵体工艺规程卡（表4-29）。

（6）确定切削用量　进给速度（mm/min）或每转进给量（mm/r）是加工中心切削用量的主要参数，可根据零件加工精度、表面粗糙度的要求及刀具和工件的材料选取。主轴转速 n(r/min) 要根据允许的切削速度（m/min）来选择。背吃刀量 a_p 是根据加工余量和粗、精加工的进给次数而定。在允许的情况下，尽可能使背吃刀量等于零件的加工余量。加工机油泵泵体所用切削用量见泵体工艺规程卡，选择过程略。

（7）编制加工程序　程序编制前必须要了解加工中心具有的各种功能。一般加工中心具有准备功能指令，也称 G 代码；辅助功能，即 M 代码。表示机床转速、刀具及进给速度的指令代码分别为 S、T 及 F。

根据前面建立的零件在三个工位的坐标系和泵体工艺过程卡的工序内容编制的泵体加工程序见表4-29。

表4-29　泵体加工程序

程序段号	指　　令	说　　明
N1	G92　X0　Y0　Z0	建立工件坐标系
N2	G30　Y0　M06　T01	换T01 号刀（ϕ80mm 面铣刀）
N3	G90　G00　X0　Y0	快速定位于坐标系原点
N4	X + 40.0　Y90.0	铣刀定位于加工起点
N5	G43　Z − 50　H01　S300　M03	铣刀加工，Z 向 −50mm 进给，主轴正转
N6	G01　Y − 90.0　F50	铣平面 B
N7	G00　G49　Z0　M05	取消长度补偿，主轴停止

（续）

程序段号	指　　令	说　　明
N8	G30　Y0　M06　T02	换中心钻(T02刀具)
N9	G00　G90　Y18.0	快速定位于I孔处
N10	G43　Z0　H01　S1000　M03	长度补偿，主轴正转
N11	G99　G81　Z-50.0　R-45.0　F40	钻中心孔循环，I孔
N12	Y-18.0	钻II孔中心孔
N13	G00　G49　Z0　M05	取消长度补偿，主轴停
N14	G30　Y0　M06　T03	换T03号刀具(φ17mm钻头)
N15	Y18.0	定位于I孔
N16	G43　Z0　H02　S400　M03	长度补偿，主轴正转
N17	G99　G81　Z-90.0　R-45.0　F30	钻I孔循环
N18	Y-18.0	钻II孔循环
N19	G00　G49　Z0　M5	取消长度补偿，主轴停止
N20	G30　Y0　M06　T03	换粗镗刀(T04号刀)
N21	Y18.0	定位于I孔
N22	G43　Z0　H03　S350　M03	刀具长度补偿，主轴正转
N23	G99　G81　Z-85　R-45.0　F50	镗I孔循环
N24	Y-18.0	镗II孔循环
N25	G00　G49　Z0　M05	取消刀具补偿，主轴停止
N26	G30　Y0　M06　T04	换精镗刀T05号刀
N27	Y18.0	
N28	G43　Z0　H04　S450　M03	
N29	G99　G76　Z-85.0　R-45.0　Q0.20　P1000　F30	精镗I孔，孔底停留
N30	Y-18.0	精镗II孔
N31	G00　G49　Z0　M05	
N32	G30　Y0　M06　T02	
N33	X-33.0　Y-18.0	
N34	G43　Z0　H01　S1000　M03	
N35	G99　G81　Z-30.0　R-20.0	
N36	G49　G00　Z0　M05	
N37	G30　Y0　M06　T06	换φ16mm钻头
N38	Y-18.0	
N39	G43　Z0　H05　S300　M03	
N40	G98　G81　Z-100.0　R-20.0　F50	钻φ16mm孔循环
N41	G00　G49　Z0　M05	
N42	G30　Y0　M06　T01	
N43	B15	工作台转15°，使A面平行于X轴
N44	Y-18.0　X-107.0	铣刀定位
N45	G43　Z-35.415　H06　S300　M03	铣刀Z向进给，主轴正转
N46	G01　X-46.0　F50	铣削A平面
N47	G00　G49　Z0　M05	

（续）

程序段号	指　　令	说　　明
N48	G30　Y0　M06　T02	换中心钻（T02 号刀）
N49	X－46、110　Y7.0	定位于Ⅳ孔中心
N50	G43　Z0　H01　S1000　M03	
N51	G99　G81　Z－40.0　R－30.0　F40	钻Ⅳ孔中心
N52	Y－43.0	钻Ⅴ孔中心
N53	G00　G49　Z0　M05	
N54	G30　Y0　M06　T07	换T07 号刀（φ11mm 钻头）
N55	Y7.0	
N56	G43　Z0　H07　S500　M03	
N57	G99　G81　Z－65.0　R－30.0　F60	钻Ⅳ孔
N58	Y－43.0	钻Ⅴ孔
N59	G00　G49　Z0　M05	取消长度补偿，主轴停止
N60	G30　Y0　M06　T08	换 φ100mm 面铣刀
N61	B165	工作台转 165°（工位Ⅲ）
N62	G90　G00　X0　Y0	
N63	X0　Y90.0	铣刀定位于加工起点
N64	G43　Z－30　H08　S300　M03	铣刀加工，Z 向 －30mm 进给，主轴正转
N65	G01　Y－90.0　F50	铣平面 D
N66	G00　G49　Z0　M05	取消长度补偿，主轴停止
N67	G30　Y0　M06　T08	换立铣刀
N68	Y－18.0	定位于Ⅱ孔中心
N69	G43　Z－70.0　H08　S250　M03	长度补偿，快速进刀，主轴正转
N70	G01　Z－78.0　F50	粗铣进刀
N71	Y18.0	从Ⅱ孔底面铣至Ⅰ孔
N72	G41　X22.25　D30	刀具半径左补偿
N73	G03　X－22.25　I－22.25　F30	逆时针方向圆弧插补、铣圆
N74	G01　Y－18.0	直线插补
N75	G03　Y22.25　I22.25	逆时针方向圆弧插补
N76	G01　Y0	直线插补
N78	G00　G49　Z0　M05	取消长度补偿，主轴停止
N79	G40　X0	取消半径补偿
N80	G30　Y0　M06　T09	换精铣刀
	（由于篇幅所限，精铣 2×φ44.5mm 孔程序略）	
N81	G30　Y0　M06　T02	换中心钻
N82	X－24.0　Y32.5	定位于 M8 孔处
N83	G43　Z0　H01　S1000　M03	刀具长度补偿
N84	G99　G81　Z－28.0　R－20.0　F40	钻中心孔循环
N85	X24.0	钻中心孔循环
N86	Y－32.5	钻中心孔循环
N87	X－24.0	钻中心孔循环

（续）

程序段号	指　　令	说　　明
N88	G00　G49　Z0　M05	取消长度补偿，主轴停止
N89	G30　Y0　M06　T11	换φ6.7mm 钻头
N90	X－24.0　Y32.5	定位于 M8 孔处
N91	G43　Z0　H07　S500　M03	刀具长度补偿，主轴正转
N92	G99　G81　Z－38.0　R－20.0　F20	钻 M8 螺纹底孔循环
N93	X24.0	
N94	Y－32.5	
N95	X－24.0	
N96	G00　G49　Z0　M05	取消长度补偿，主轴停止
N97	G30　Y0　M06　T12	换 M8 丝锥
N98	X－24.0　Y32.5	定位于 M8 处
N99	G43　Z0　H12　S200　M03	刀具长度补偿，主轴顺时针方向旋转
N100	G84　Z－34.0　R－20.0　F25	攻螺纹循环
N101	X24.0	
N102	Y－32.5	
N103	X－24.0	
N104	G00　G49　Z0　M05	取消长度补偿、主轴停止
N105	G28　Z0	Z 轴回参考原点
N106	G28　X0　Y0；	X、Y 轴回参考原点
N107	M30	程序结束返回开头

五、思考与练习

1. 如何确定刀具与工件的相对位置？

2. 在数控镗床上加工图 4-27 所示箱体上的两孔，已知孔 I 的坐标尺寸为 $X_1 = 180$mm，$Y_1 = 130$mm。两孔的孔距 $L = (200 \pm 0.1)$mm，试确定孔 II 的坐标尺寸 X_2 和 Y_2 及其公差。

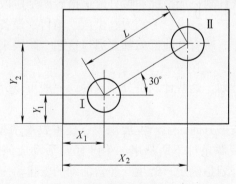

图 4-27　题 2 图

项目5　箱体零件的生产运作管理

【教学目标】

最终目标：会编制箱体零件流水加工的生产作业计划。

促成目标：

1）能进行生产能力的计算。

2）会编制箱体零件流水加工的生产作业计划。

模块1　生产计划管理

一、教学目标

最终目标：会进行生产能力的计算。

促成目标：

掌握年度计划的编制方法。

二、相关知识

计划是管理的首要职能。没有计划，企业的一切活动都会陷入混乱。现代工业生产是社会化大生产，企业内部分工十分精细，协作非常严密，任何一部分生产活动都不能离开其他部门而单独进行。因此，企业需要统一的计划来指挥各部分的活动。企业里没有计划，好比一个交响乐队没有乐曲，是无法进行任何生产经营活动的。

按照计划来管理企业的生产经营活动，叫做计划管理。计划管理是一个过程，通常包括编制计划、执行计划、检查计划完成情况和拟订改进措施四个阶段。计划管理包括企业生产经营活动的各个方面，如生产、技术、劳动力、供应、销售、设备、财务及成本等。计划管理不仅仅是计划部门的工作，所有其他部门都要通过这四个阶段来实行计划管理。

1. 计划的层次

企业里有各种各样的计划，这些计划是分层次的，一般可以分成战略层计划、战术层计划及作业层计划。

战略层计划涉及产品发展方向、生产发展规模、技术发展水平及新生产设备的建造等。战术层计划是确定在现有资源条件下所从事的生产经营活动应该达到的目标，如产量、品种、产值和利润。作业层计划是确定日常生产经营活动的安排。三个层次的计划有不同的特点，见表5-1。从战略层到作业层，计划期越来越短，计划的时间单位越来越小，覆盖的空间范围越来越小，计划内容越来越详细，计划的不确定性越来越小。

企业战略层计划下最主要的是经营计划，也称为年度综合计划。年度综合计划又包括企业的各种职能计划，如销售计划、生产计划及财务计划等。这些职能计划之间不是孤立的，而是有很密切的联系。

表 5-1　不同层次计划的特点

	战略层计划	战术层计划	作业层计划
计划期	长(≥5 年)	中(一年)	短(月、旬、周)
计划的时间单位	大(年)	中(月、季)	小(工作日、班次、小时、分)
空间范围	企业、公司	工厂	车间、工段、班组
详细程度	高度综合	综合	详细
不确定性	高	中	低
管理层次	企业高层领导	中层,部门领导	低层,车间领导
特点	涉及资源获取	资源利用	日常活动处理

2. 生产计划的层次与指标体系

(1) 生产计划　生产计划又称做生产大纲,它是根据销售计划所确定的销售量,在充分利用生产能力和综合平衡的基础上,对企业所生产的产品品种、数量、质量和生产进度等方面所作的统筹安排,是企业生产管理的依据。

年度生产计划是一个中期生产计划,处理的对象以产品级为主。年度生产计划是指导企业生产与其他活动安排的依据。年度生产计划以需求作为输入,通过合理安排使整个计划期的需求和生产能力达到大致的平衡,并且使完成任务的成本尽可能低。

(2) 生产计划的层次　生产计划是一种战术层计划,它以产品和零件作为计划的对象。生产计划是企业各职能计划中最重要的计划,一般包括三个层次:

1) 厂级生产计划——产品级生产计划。

2) 车间级生产计划——零件级生产计划。

3) 班组级生产计划——工序级生产计划。

生产作业计划是生产计划的执行计划,是指挥企业内部生产活动的计划。对于大型加工装配式企业,生产作业计划一般分成厂级生产作业计划和车间级生产作业计划两级。厂级生产作业计划的对象为原材料、毛坯和零件。从产品结构的角度来看,也可称做零件级作业计划。车间级生产作业计划的对象为工序,故也可称为工序级生产作业计划。表 5-2 列出了不同层次的计划。

表 5-2　不同层次计划的比较

	计 划 层	执 行 层	操 作 层
计划的形式及种类	生产计划大纲、产品生产计划	零部件(毛坯)投入生产计划、原材料(外购件)需求计划等	双日(或周)生产作业计划、关键机床加工计划等
计划对象	产品(假定产品、代表产品、具体产品)、零件	零件(自制件、外购件、外协件)、毛坯及原材料	工序
编制计划的基础数据	产品生产周期、成品库存	产品结构、加工制造提前期、零件、原材料、毛坯库存	加工路线、加工时间、在制品库存
计划编制部门	经营计划处(科)	生产处(科)	车间计划科(组)
计划期	1 年	1 月 ~ 1 季	双日、周、旬

（续）

	计 划 层	执 行 层	操 作 层
计划的时间单位	季（细到月）	旬、周、日	工作日、小时、分
计划的空间范围	全厂	车间及有关部门	工段、班组、工作地
采用的优化方法举例	线性规划、运输问题算法、搜索决策法则（SDR）、线性决策法则（LDR）	MRP、批量算法	各种作业排序方法

（3）生产计划指标体系　生产计划的主要指标有品种、产量、质量、产值和出产期。

1）品种指标，指企业在计划期内出产的产品品名、型号、规格和种类数。它涉及"生产什么"的决策。确定品种指标是编制生产计划的首要问题，关系到企业的生存和发展。考核指标的计算公式为

$$品种计划完成率（\%） = \frac{报告期完成计划产量的品种数}{报告期计划品种数} \times 100\%$$

注意：①不能以计划外品种代替计划内品种。

②品种计划完成率不大于100%。

2）产量指标，指企业在计划期内出产的合格产品的数量，它涉及"生产多少"的决策，关系到企业能获得的利润。产量可以用台、件或吨表示。对于品种、规格很多的系列产品，也可用主要技术参数计量，如拖拉机用马力、电动机用千瓦等。考核指标的计算公式为

$$产量计划完成率（\%） = \frac{报告期实际完成产量}{报告期计划产量} \times 100\%$$

注意：①实际完成产量可计算计划外产品产量和超计划产量。

②产量计划完成率可大于100%。

3）质量指标，指企业在计划期内产品质量应达到的水平，常采用统计指标来衡量，如一等品率、合格品率、废品率及返修率等。

4）产值指标，指用货币表示的产量指标，能综合反映企业的生产经营活动成果，以便与不同行业进行比较。根据具体内容与作用不同，产值分为商品产值、总产值与净产值三种。

商品产值是企业在计划期内出产的可供销售的产品价值。商品产值的内容包括：用本企业自备的原材料生产的成品和半成品的价值；外单位来料加工的产品加工价值。只有完成商品产值指标，才能保证流动资金正常周转。

总产值是企业在计划期内完成的以货币计算的生产活动总成果的数量。总产值包括：商品产值；期末期初在产品价值的差额；订货者来料加工的材料价值。总产值一般按不变价格计算。

净产值是企业在计划期内通过生产活动新创造的价值。由于扣除了部门间重复计算，它能反映计划期内为社会提供的国民收入。净产值指标算法有两种，分别为生产法和分配法。按生产法计算：净产值 = 总产值 - 所有转入产品的物化劳动价值；按分配法计算：净产值 = 工资总额 + 福利基金 + 税金 + 利润 + 属于国民收入初次分配的其他支出。

5）出产期，指为了保证按期交货确定的产品出产期限。正确地决定出产期很重要，出

产期太紧，保证不了按期交货，会给用户带来损失，也给企业的信誉带来损失；出产期太松，不利于争取顾客，还会造成生产能力的浪费。

3. 制订计划的一般步骤及滚动式计划

（1）制订计划的一般步骤　制订计划的一般步骤如图 5-1 所示。

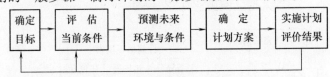

图 5-1　制订计划的一般步骤

"确定目标"要依据上期计划执行的结果。目标要尽可能具体，如利润指标、市场占有率等。

"评估当前条件"是要弄清楚现状与目标有多大差距。当前条件包括外部环境与内部条件。外部环境主要包括市场情况、原料、燃料、动力、工具及协作关系情况。内部条件包括设备状况、工人状况、劳动状况、新产品研制与生产技术准备状况、各种物资库存情况及在产品占用量等。

"预测未来环境与条件"是根据国内、外的各种政治因素、经济因素、社会因素和技术因素综合作用的结果，预测未来，把握现状将如何变化，找出达成目标的有利和不利条件。

（2）滚动式计划的编制方法　编制滚动式计划通常将整个计划期分为几个时间段，第一个时间段的计划为执行计划，后几个时间段的计划为预计计划。执行计划较具体，要求按计划实施；预计计划比较粗略。每经过一个时间段，根据执行计划的实施情况及企业内、外条件的变化，对原来的预计计划作出调整与修改，原预计计划中的第一个时间段的计划变成了执行计划。例如，2005 年编制 5 年计划，计划期从 2006 年至 2010 年，共 5 年。若将 5 年分成 5 个时间段，则 2006 年的计划为执行计划，其余 4 年的计划均为预计计划。当 2006 年的计划实施之后，又根据当时的条件编制 2007～2011 年计划，其中 2007 年的计划为执行计划，2008～2011 年的计划为预计计划，依此类推。修订计划的间隔时间称为滚动期，它通常等于执行计划的计划期，如图 5-2 所示。

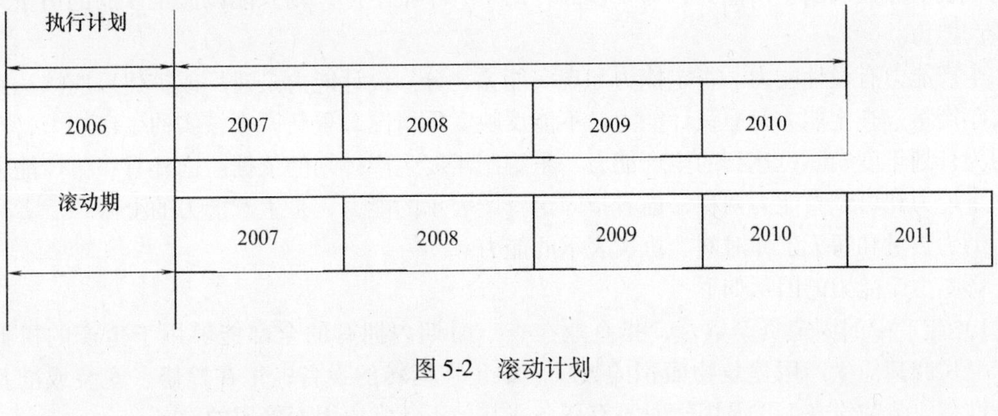

执行计划				
2006	2007	2008	2009	2010
滚动期				
	2007	2008	2009	2010	2011

图 5-2　滚动计划

滚动期和计划期如图 5-3 所示。

1）滚动期：修订计划的间隔时期，它通常等于执行计划的计划期限。年度计划一般以一季为一个滚动期；五年或五年以上计划以一年为一个滚动期。

2）计划期：滚动计划包含的时间长度。

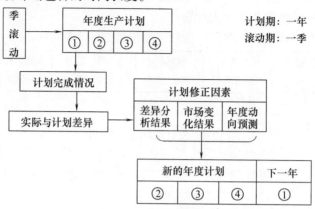

图 5-3　滚动期和计划期

滚动式计划方法具有如下优点：

1）计划的严肃性和应变性都得到保证。因执行计划与编制计划的时间接近，内、外条件不会发生很大变化，可以基本保证完成，体现了计划的严肃性；预计计划允许修改，体现了应变性。如果不是采用滚动式计划方法，第一期实施的结果出现偏差，以后各期计划如不作出调整，就会流于形式。

2）提高了计划的连续性。逐年滚动，自然形成新的 5 年计划。

4. 生产能力

生产能力是指企业的设施，在一定时期（年、季、月）内，在先进合理的技术组织条件下所能生产一定种类产品的最大数量。对于流程式生产，生产能力是一个准确而清晰的概念。如某化肥厂年产 30 万 t 合成氨，这是设备的能力和实际运行时间决定的。对于加工装配式生产，生产能力则是一个模糊的概念。不同的产品组合，表现出的生产能力是不一样的。大量生产且品种单一时，可用具体产品数表示生产能力；对于大批生产且品种数少时，可用代表产品数表示生产能力；对于多品种的中、小批生产，则只能以假定产品的产量来表示生产能力。

生产能力有设计能力、查定能力和现实能力之分。设计能力是建厂或扩建后应该达到的最大年产量；查定能力是原设计能力已不能反映实际情况，重新调查核实的生产能力；现实能力为计划年度实际可达到的生产能力，是编制年度生产计划的依据。国外有将生产能力分成固定能力和可调整能力两种，前者指固定资产表示的能力，是生产能力的上限；后者是指以劳动力数量和每天工作时间、班次表示的能力。

影响生产能力的因素如下：

1）生产中的固定资产数量，指企业在查定时期内拥有的全部能够用于生产的机器设备、厂房和其他生产用建筑物面积的数量。如正在运转的设备；正在检修、安装或准备检修、准备安装的设备，以及因暂时没有任务或其他不正常原因而停用的设备。

2）固定资产的有效工作时间，是指按照企业现行工作制度计算的机器设备的全部有效工作时间和生产面积的全部利用时间，包括制度工作时间和有效工作时间。有效工作时间的

计算公式为

$$F_e = F_0 H \eta_0$$

式中　F_e——有效工作时间；

　　　F_0——设备全年制度工作日数；

　　　H——每日制度工作小时数（即工作日长度）；

　　　η_0——设备制度工作时间的计划利用系数。

　　加强设备维护保养，延长设备寿命，缩短设备修理时间，是增加设备有效工作时间的重要办法。

　　3）固定资产的生产效率，即固定资产生产率定额，包括设备的生产效率和生产面积的生产效率。

　　设备的生产效率有两种表示方式：一种是单台设备在单位时间内的产量定额 P；另一种是单台设备制造单位产品的时间消耗定额 T（台时定额），二者互为倒数关系。固定资产生产率定额是计算生产能力的最基本因素。固定资产的生产效率是一个综合性因素，为正确地确定固定资产的生产效率，不能单纯依靠数字计算，还须对这些因素进行客观分析。

　　（1）生产能力的核定步骤　企业生产能力的核定步骤如下：

　　1）确定企业的经营方向和生产纲领。

　　2）组织和收集资料。

　　3）计算核定。

　　①设备和设备组的生产能力。

　　②生产线和工段的生产能力。

　　③车间的生产能力。

　　④企业的生产能力。

　　（2）单一品种生产时设备组生产能力的计算

　　1）单台设备及流水线生产能力的计算和确定

　　①单台设备的生产能力

$$M_1 = F_e / t \quad 或 \quad M_1 = F_e p$$

式中　M_1——单台设备的生产能力［件/（台·年）］

　　　F_e——有效工作时间（h/年）；

　　　t——单位产品需该设备台时数［（台·h）/件］；

　　　p——单位时间产量定额［件/（台·h）］。

　　②流水线的生产能力。各工序生产能力平衡的结果。

　　2）设备组生产能力的计算式为

$$M = M_1 S$$

式中　M——设备组生产能力（件/年）；

　　　M_1——单台设备的生产能力［件/（台·年）］；

　　　S——设备组内的设备数量（台）。

　　3）工段生产能力的计算。工段生产能力的计算应在设备组生产能力的基础上进行。一个工段往往要包括几个设备组，而各设备组的生产能力又往往不相等，这就要进行综合平衡工作。针对图5-4所示的情况，如果使各设备组的生产能力保持平衡，可采用的方式有：以铣代刨；以车代镗；革新钻床组技术或加班加点。

4）企业生产能力的确定。

（3）多品种条件下生产能力的计算

1）代表产品法（标准产品法）

①选定代表产品"0"。实际工作中，常要将各产品的计划产量换算为代表产品的产量。代表产品的特点为：能够反映企业的专业方向，产量较大，占用劳动量较多，在结构和工艺上具有代表性。

②计算代表产品表示的生产能力

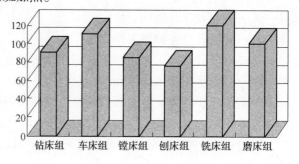

图5-4　工段生产能力计算

$$M_0 = F_e S / t_0$$

式中　M_0——代表产品的生产能力（件/年）；

　　　F_e——有效工作时间（h/年）；

　　　S——设备组内的设备数量（台）；

　　　t_0——代表产品的劳动量[（台·件/h）]。

③计算产品换算系数

$$K_i = t_i / t_0 \qquad (i = 1, 2, \cdots, n)$$

式中　K_i——第i种产品换算成代表产品的换算系数；

　　　t_i——第i种产品的劳动量[（台·h）/件]；

　　　t_0——代表产品的劳动量[（台·h）/件]。

④将各具体产品的产量换算成代表产品的产量

$$Q_{0i} = K_i Q_i$$

式中　Q_{0i}——第i种产品换算成代表产品后的产量（件）；

　　　K_i——第i种产品换算成代表产品的换算系数；

　　　Q_i——第i种产品的产量（件）。

⑤计算各种产品占全部产品的百分比

$$W_i = Q_{0i} / \sum Q_{0i}$$

式中　W_i——第i种产品占全部产品的百分比（%）；

　　　Q_{0i}——第i种产品换算成代表产品后的产量（件）；

　　　$\sum Q_{0i}$——全部产品的产量（件）。

⑥计算各种产品的生产能力

$$M_i = M_0 W_i / K_i$$

式中　M_i——第i种产品的生产能力（件/年）；

　　　M_0——代表产品的生产能力（件/年）；

　　　W_i——第i种产品占全部产品的比重（%）；

　　　K_i——第i种产品换算成代表产品的换算系数。

⑦比较各品种的计划产量Q与各生产能力M的大小：Q大于M则生产能力不足，即很难完成任务；Q小于M则生产能力足够，即可以完成任务。

【例 5-1】　某厂生产 A、B、C、D 四种箱体产品，计划产量分别为 250 台、100 台、230 台和 50 台，各种产品在机械加工车间车床组的计划台时定额分别为 50 台·h、70 台·h、100 台·h 和 150 台·h，车床组共有车床 12 台，两班制，每班 8h，设备停修率 10%。试求车床组的生产能力（每周按 6 天工作计算）。

解：①确定 C 为代表产品。

②计算以 C 为代表产品表示的生产能力。

$$M_0 = \frac{(365 - 59) \times 2 \times 8 \times 0.9 \times 12}{100} 台 = 529 台$$

③计算各具体产品的生产能力 M_i（见表 5-3）。

表 5-3　以代表产品计算生产能力换算表

产品名称	计划产量 Q_i/台	单位产品台时定额 t_i/台·h	换算系数 K_i	换算为代表产品的数量 Q_{0i}/台	各种产品占全部产品的百分比 W_i(%)	以代表产品为单位的生产能力 M_0/台	换算为各种产品的生产能力 M_i/台
A	250	50	0.5	125	25		264.5
B	100	70	0.7	70	14		105.8
C	230	100	1.0	230	46	529	243.3
D	50	150	1.5	75	15		52.9
合计	630			500			666.5

结论：每种产品的生产能力均大于计划产量，生产能力足够。

2）假定产品法。企业的产品种类比较多，各品种在结构、工艺和劳动量方面差别较大，不易确定代表产品时，可以使用假定产品法。

①计算假定产品台时定额（t_m）。

$$t_m = \sum t_i \cdot D_i \qquad (i = 1, 2, 3, \cdots, n)$$

式中　t_i——第 i 种产品单位台时定额；

　　　D_i——第 i 种产品占产品总产量的百分比。

②计算假定产品生产能力（M_m）。

$$M_m = F_e S / t_m$$

式中　S——设备组内的设备数量。

③计算各具体产品的生产能力（M_i）。

$$M_i = M_m \cdot D_i \qquad (i = 1, 2, 3, \cdots, n)$$

【例 5-2】　在例 5-1 的基础上，用假定产品法确定车床组生产能力。

解：①各产品占产量总数的百分比 D_i，见表 5-4。

$$D_i = Q_i / \sum Q_i$$

②计算假定产品台时定额 t_m，见表 5-4。

$$t_m = \sum t_i \cdot D_i$$

③计算假定产品生产能力 M_m。

$$M_m = \frac{F_e S}{t_m} = \frac{(365 - 59) \times 2 \times 8 \times 0.9 \times 12}{79.2} 台 = 667.6 台$$

表 5-4　假定产品法生产能力换算表

产品名称	计划产量 Q_i/台	单位产品台时定额 t_i/台·h	各产品占产量总数的百分比 D_i	单位假定产品台时定额 t_m/台·h	假定产品表示的生产能力 M_m/台	具体产品的生产能力 M_i/台
A	250	50	0.40	20		267
B	100	70	0.16	11.2		106.8
C	230	100	0.36	36	667.6	240
D	50	150	0.08	12		53
合计	630		1	79.2		666.8

结论：生产能力能够满足计划要求。

（4）生产能力与生产任务的平衡　生产能力与生产任务平衡的目的是衡量生产计划的可行性。生产能力与生产任务平衡包括三个方面内容：将生产任务与生产能力进行比较；按比较的结果采取措施；计算生产能力利用指标。

比较生产任务与生产能力有两种方法，分别为用产品数（产量平衡）和用台时数（工时平衡）。用台时数用得较多。对于单品种生产企业，可用具体产品数进行比较

　　　　设备生产能力 = 设备年有效工作小时数/单位产品台时定额

　　　设备年有效工作小时数 = 全年工作日 × 每天工作小时数 × (1 − 设备停修率)

取最小的设备生产能力（台数）作为生产线或企业的生产能力，将其与计划年产量比较。对于多品种生产，可用代表产品或假定产品，但计算较复杂，不如用台时数计算方便。将计划产量转换成工时数，并与设备的年有效工作小时数进行比较。

　　　　　　生产任务 = 计划产量 × 单位产品台时定额

　　　　　　　设备生产能力 = 设备年有效工作小时数

生产任务 < 设备生产能力时，应设法利用富余的生产能力，避免浪费。

生产任务 > 设备生产能力时，应采取扩大生产能力、加班加点、转包及调整任务等措施。调和设备生产能力和生产任务，使其差距尽可能减小。值得注意的是，这是一种设备生产能力与生产任务总量上的比较。由于需求不均匀，即使总量上平衡，某段时间内生产任务仍可能超过设备生产能力。总量平衡还有一个问题：无论作业计划安排得如何好，机床的空闲是不可避免的。因此，在实际应用时，有的企业将能力再打一个折扣，如果生产任务量达到设备生产能力的90%，即可认为平衡了。

（5）生产能力的平衡过程　计划年度（期）企业生产能力平衡过程如下：

1）计算基本生产车间主要生产工序上的主体设备的年生产能力。

2）以主体设备的生产能力为基准，对基本生产车间的其他工序采取技术组织措施，使其生产能力与主体设备的生产能力相平衡。

3）使与产品生产工艺过程相关的各基本生产车间的生产能力相平衡。

4）使辅助生产车间的生产能力与基本生产车间的生产能力相平衡，同时对生产服务部门采取技术组织措施，使其能够保证基本车间、辅助车间生产能力的实现。进而使全企业各生产环节的生产能力实现综合平衡。各环节生产能力平衡以后所确定的综合生产能力即为企业生产能力。

【例 5-3】　已知某车间由车、铣、钻三个工序组成，生产丙种产品，现有生产设备及各

工序台时定额如表 5-5 所示。该车间每周生产 6 天，实行两班工作制，每班生产 7.5h，年制度工作日为 306 天，设备计划检修率 6%，求该车间年生产能力。

表 5-5　设备数量与工序台时定额

工 序 名 称	车 削 加 工	铣 削 加 工	钻 孔
单位产品台时定额/h	100	60	15
设备名称及数量	车床 75 台	铣床 30 台	钻床 10 台

解： ①单台设备年有效工作小时数。

$$t_{单} = 7.5 \times 2 \times 306 \times (1 - 0.06)\text{h} = 4315\text{h}$$

②设备组年有效工作小时数。

$$t_{车组} = t_{单} \cdot n_{车} = 323625\text{h}$$

$$t_{铣组} = t_{单} \cdot n_{铣} = 129450\text{h}$$

$$t_{钻组} = t_{单} \cdot n_{钻} = 43150\text{h}$$

③设备组生产能力。

$$Q_{车} = \frac{t_{车组}}{t_{车}} \approx 3236 \text{ 件}$$

$$Q_{铣} = \frac{t_{铣组}}{t_{铣}} \approx 2158 \text{ 件}$$

$$Q_{钻} = \frac{t_{钻组}}{t_{钻}} \approx 2877 \text{ 件}$$

由计算结果可知，车、铣、钻三个工序生产该产品的能力是不平衡的。在生产能力不平衡的情况下，该车间的年生产能力只能为瓶颈工序的生产能力，即铣床加工该产品的年生产能力为 2158 件。为了实现均衡生产，应采取技术组织措施，使车、铣、钻三个工序生产能力平衡。

三、思考与练习

1. 车间级生产作业计划的任务与厂级生产作业计划的任务有何区别与联系？
2. 均衡生产对企业的生产经营具有什么意义？
3. 什么是生产能力？生产能力的分类有哪些？
4. 影响生产能力的因素有哪些？

模块 2　箱体零件流水线加工生产作业计划

一、教学目标

最终目标：会编制箱体零件流水线加工的生产作业计划。

促成目标：

1）能与企业相关人员进行沟通、协调，能够分析所编生产作业计划是否合理。

2）能针对加工过程对环境的影响采取相应的措施。

二、案例分析

按备货型生产制订生产计划。现要求 A 车间负责其中两箱体 QM013 和 QM017 的生产，QM013 需作为备件，年产量要求为 6 万件，QM017 年产量要求为 3 万件。产品生产采用企业原有类似产品的流水线（可进行一定调整）。根据厂生产计划要求及生产车间的现有条件，对 QM013、QM017 零件分别设立独立流水线，并对流水线生产进行生产流程设计。

1）确定流水线的生产节拍（R）。计划期内（月）工作有效时间（按月工作日 22 天，每天 2 班，每班工作 8 小时计算）为

$$F = 22 \times 2 \times 8 \times 0.95 \times 60 \min = 20064 \min$$

$$R = 20064 \div (60000 \div 12) \min/件 = 4.0128 \min/件$$

为保证满足计划要求，节拍时间圆整只能小于设计值，确定节拍为 4min/件。

2）组织工序同期化及工作地（设备）需要量。

3）确定流水线需要的工人数量，并合理地配备。根据表 5-6 已确定的工序时间定额及工作地（设备）数计算。工序 1 人员需要量等于实际设备数（5）乘以日工作班（2）再乘以工序 1 同时工作人数（1），易得工序 1 需要 10 人（其余工序计算同理），则

流水线人员总需要量 $= (1 + 5\%) \times (10 + 6 + 6 + 4 + 20) = 48.3$

定为 49 人。

4）选择合理的运输工具。采用间歇式传送带。

5）确定流水线生产的平面布置。选择双列直线型布置。

6）制订流水线标准计划指示图，见表 5-7。

表 5-6 箱体 QM013 加工序同期化前后对比列表

原工序号	1		2	3	4	5	6	7	8
工序时间/min	12		7	9	2	5	7	8	40
工步号	1	2	3	4	5	6	7	8	9	10
工步时间/min	11	2	5	2	9	2	5	7	10	40
工作地数（机床）	1		1	1	1	1	1	1	1
同期化程度	3.25		1.75	2.25	0.5	1.25	1.75	2	10
流水线节拍/min·件$^{-1}$	4								
新工序号	1			2		3		4	5
新工序时间/min	20			11		12		8	40
工作地数（机床）	5			3		3		2	10
同期化程度	1			0.92		1		1	1
新合并的工步	1、2、3、4			5、6		7、8		9	10
设备负荷率	1			0.92		1		1	1

表 5-7　箱体 QM013 流水作业指示图表

产品名称	一班时间									一班总计		
	1	2	3	4		5	6	7	8	间断次数	间断时间/min	工作时间/min
QM013		■		■	中间休息		■		■	4	40	440

综上，根据生产过程组织合理性的要求，流水生产组织设计流程如图 5-5 所示。

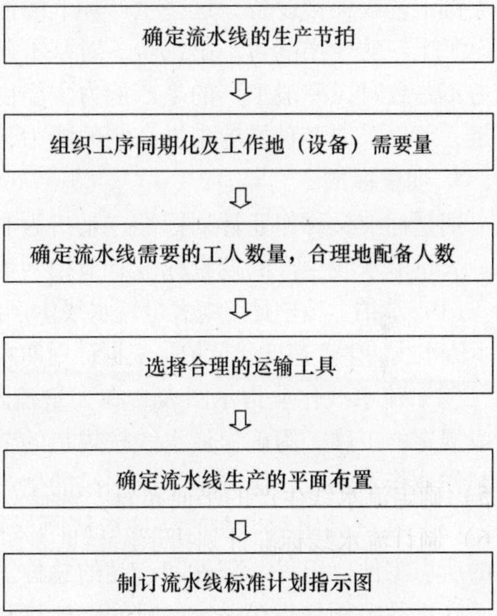

三、相关知识点

1. 流水线生产的分类

1）按生产对象是否移动，流水线生产分为固定流水线和移动流水线。

2）按生产品种数量的多少，流水线生产分为单一品种流水线和多品种流水线。

3）按生产的连续性，流水线生产分为连续性流水线和间断性流水线。

4）按实现节奏的方式，流水线生产分为强制节拍流水线和自由节拍流水线。

5）按对象的轮换方式，流水线生产分为不变流水线、可变流水线和混合流水线。

6）按机械化程度，流水线生产分为自动流水线、机械化流水线和手工流水线。

2. 流水线生产类型企业的生产能力计算

在大量生产企业，总装与主要零件生产都采用流水线生产方式，因此，企业生产能力是按每条流水线核查的。先计算各条零件制造流水线的能力，再确定车间的生产能力，最后通过平衡，求出全厂的生产能力。

（1）流水线生产能力计算　流水线的生产能力取决于每道工序设备的生产能力，所以计算工作从单台设备开始。计算公式为

$$M_{单} = \frac{F_e}{t_i}$$

式中　$M_{单}$——单台设备生产能力；

　　　F_e——单台设备计划期（年）有效工作时间（h）；

　　　t_i——单位产品在该设备上加工的时间定额（h/件）。

工序由一台设备承担时，单台设备的生产能力即为该工序能力。当工序由 S 台设备承担时，工序生产能力为 $M_{单} S$。这种由设备组成的流水生产线，各工序能力不可能相等，生产线能力只能由最小工序能力决定。

（2）车间生产能力的确定　车间能力确定需要分几种情况讨论。如果仅仅是零件加工

图 5-5　流水生产组织设计流程

确定流水线的生产节拍
⇩
组织工序同期化及工作地（设备）需要量
⇩
确定流水线需要的工人数量，合理地配备人数
⇩
选择合理的运输工具
⇩
确定流水线生产的平面布置
⇩
制订流水线标准计划指示图

车间，每个零件有一条专用生产线，而所有零件又都是为本厂的产品配套，那么该车间的生产能力应该取决于生产能力最小的那条生产线的能力；如果是一个部件制造车间，它既有零件加工流水线，又有部件装配流水线，这时它的生产能力应该由装配流水线的能力决定。即使有个别的零件加工能力低于装配流水线能力，也应该按照这个原则确定，零件能力不足可以通过其他途径补充。

（3）工厂生产能力的确定　在确定了车间生产能力的基础上，通过综合平衡的方法来确定工厂的生产能力。第一步，对基本生产车间的能力作平衡。由于各车间之间的加工对象和加工工艺差别较大，选用的设备是不一样的，性能差别很大，生产能力很难做到一致。因此，基本生产车间的生产能力通常按主导生产环节来确定。所谓主导生产环节是指产品加工的关键工艺或关键设备，这些生产环节的能力决定了某些基本生产车间的能力，同时也基本限定了工厂的生产能力。第二步，对基本生产车间与辅助生产部门的能力作平衡。当两者的能力不一致时，一般工厂的生产能力主要由基本生产车间的能力决定。如果辅助部门的能力不足，可以采取各种措施来提高它的能力，以保证基本生产车间的能力得到充分利用。

3. 期量标准

期量标准又称作业计划标准，是指为制造对象在生产期限和生产数量方面规定的标准数据。大量流水线生产的期量标准有节拍、流水线作业指示图表及在产品定额等。

（1）节拍　节拍是组织大量流水线生产的依据，是大量流水线生产最基本的期量标准，反映了流水线的生产速度。节拍是根据计划期内的计划产量和计划期内的有效工作时间确定的。

（2）流水线作业指示图表　在大量流水线生产中，每个工作地都按一定的节拍反复地完成规定的工序。为确保流水线按规定的节拍工作，必须详细规定每个工作地的工作制度，编制作业指示图表，协调整个流水线的生产。

（3）在产品定额　在产品是指从原材料投入到产品入库为止，处于生产过程中尚未完工的所有零件、组件、部件和产品的总称。

在产品定额是指在一定的时间、地点和生产技术组织条件下为保证生产的连续进行而制订的必要的在产品数量标准。

4. 厂级作业计划的编制

（1）计划单位的选择　流水线生产企业中，编制厂级生产作业计划时采用的计划单位包括产品、部件、零件组和零件。

1）产品为计划单位。产品计划单位是以产品作为编制生产作业计划时分配生产任务的计算单位。采用这种单位规定车间生产任务的特点是不分装配产品需用零件的先后次序，也不论零件生产周期的长短，只统一规定投入的产品数、出产产品数和相应日期，不具体规定每个车间生产的零件品种、数量和进度。采用这种计划单位可以简化厂级生产作业计划的编制，便于车间根据自己的实际情况灵活调度；缺点是整个生产的配套性差，生产周期长，在产品占用量大。

2）部件为计划单位。部件计划单位是以部件作为分配生产任务的计算单位。采用部件计划单位编制生产作业计划时，根据装配工艺的先后次序和主要部件中主要零件的生产周期，按部件规定投入和产出的品种、数量及时间。采用这种计划单位的优点是，生产的配套性较好，车间也具有一定的灵活性；缺点是，编制计划的工作量加大。

3）零件组为计划单位。零件组计划单位是以生产中具有共同特征的一组零件作为分配生产任务的计算单位。同一组零件中的各零件，加工工艺相似，投入装配的时间相近，生产周期基本相同。如果装配周期比较长，而且各零件的生产周期相差悬殊，这时采用零件组计划单位可以减少零件在各生产阶段中及生产阶段间的搁置时间，从而减少在产品及流动资金占用。采用这种计划单位的优点是，生产配套性更好，在产品占用更少；缺点是，计划工作量大，不容易划分好零件组，车间灵活性较差。

4）零件为计划单位。零件计划单位是以零件作为各车间生产任务的计划单位。采用这种计划单位编制生产作业计划时，先根据生产计划规定的生产任务层层分解，计算出每种零件的投入量、产出量、投入期和产出期要求。然后以零件为单位，为每个生产单位分配生产任务，具体规定每种零件的投入、产出量和投入、产出期。大量流水线生产企业采用这种计划单位。它的优点是，生产的配套性很好，在产品及流动资金占用最少，生产周期最短。同时，当发生零件的实际生产与计划有出入时，易于发现问题并调整处理。它的缺点是，编制计划的工作量很大。目前，计算机在企业中应用广泛，尤其是运用制造资源计划（MRPⅡ）后，计划编制的工作量大大减小。因此，如果有条件应尽量采用这种计划单位，它的优点很突出而缺点不明显。另外，编制车间内部的生产作业计划时，一般都采用这种计划单位。

一种产品的不同零件可以采用不同的计划单位，如关键零件、主要零件采用零件计划单位，而一般零件则采用产品计划单位。企业应根据自己的生产特点、生产类型、管理水平和产品特点等选择合适的计划单位。

（2）确定各车间生产任务的在产品定额法　在产品定额法也叫连锁计算法，它根据在产品定额来确定车间的生产任务，保证各车间生产的衔接。在流水线生产企业中，各车间生产的产品种类较少，生产任务稳定，各车间投入和产出的数量及时间之间有着密切的配合关系。大量流水线生产企业生产作业计划的编制的重点在于解决各车间在生产数量上的协调配合。这是因为同一时间各车间都在完成同一产品的不同工序，这就决定了"期"不是最主要的问题，而"量"是最重要的。在产品定额法正好适合这种特点，它还可以很好地控制住在产品数量。

大批大量生产条件下，车间分工及相互联系稳定。车间之间在生产上的联系主要表现在提供一种或少数几种半成品的数量上，只要前一个车间的半成品能保证下一个车间加工的需要，以及车间之间库存、库存半成品变动的需要，就可以保证生产协调、均衡地进行。

因此，大批大量生产条件下，应着重解决各车间在生产数量上的衔接。在产品定额法就是根据大量大批生产的这一特点，用在产品定额作为调节生产任务数量的标准，以保证车间之间的衔接。亦即运用预先制订的在产品定额，按照工艺反顺序计算方法，调整车间的投入和出产数量，顺次确定各车间的生产任务。

本车间出产量 = 后续车间投入量 + 本车间半成品外售量 +（车间之间半成品占用定额 - 期初预计半成品库存量）

本车间投入量 = 本车间出产量 + 本车间计划允许废品数 +（本车间期末在产品定额 - 本车间期初在产品预计数）

5. 流水线车间作业计划的编制

对于产品种类少、生产稳定、节拍生产的流水线，车间内部作业计划的编制工作比较简单，一般只需从厂级月度作业计划中，将有关零件的产量按日均匀地分配给相应工段（班组）即可。

通常，企业用标准计划法为工段（小组）分配工作地（工人）生产任务，即编制出标准计划指示图标，把工段（小组）所加工的各种制品的投入出产顺序、期限、数量及各工作地的不同制品次序全部制成标准，并固定下来。可见，标准计划就是标准化了的生产作业计划，有了它就可以有计划地做好生产前的各项准备工作。严格按标准安排生产活动，不必每日都编制计划，而只需要将每月产量任务作适当调整就可以了。

四、相关实践知识

1. 单一品种流水线的设计

流水线设计包括组织设计和技术设计两个方面。组织设计包括工艺规程的制订、专业设备的设计、设备改装设计、专用工具与夹具的设计和运输传送装置的设计等，是流水线的"硬件"设计。技术设计包括流水线节拍的确定、设备需要量与负荷系数计算、工艺同期化工作、人员配备、生产对象传送方式的设计、流水线平面布置、流水线工作制度和标准计划图表制订等，可以说是流水线的"软件"设计。

1）确定流水线的节拍（R）节拍是指在流水线上连续生产两个相同制品的间隔时间。

$$R = \frac{F_e}{Q}$$

式中　F_e——计划期内有效时间总和；

　　　Q——计划期的产品产量（包括计划产量和预计废品量）。

【例5-4】　某企业生产计划中，箱体的日生产量为40件，每日工作8h，时间利用系数为0.96，废品率为2%，试求该箱体的平均节拍。

解：$F_e = F_0 \times K = 8 \times 60 \times 0.96 \text{min} = 460.8 \text{min}$

$$Q_日 = \frac{40}{0.98} 件 = 40.8 \text{ 件}$$

$$R = \frac{F_e}{Q_日} = \frac{460.8}{40.8} \text{min/件} = 11.3 \text{min/件，取 } 11 \text{min/件}$$

2）进行工序同期化，计算工作地（设备）需要量和负荷。流水线节拍确定后，要根据节拍来调节工艺过程，使各道工序的时间与流水线的节拍相等或成倍数关系，这个工作称为工序同期化。主要工序同期化措施如下：

①提高设备的生产效率。

②改进工装设备。

③改进工作地布置与操作方法，减少辅助作业时间。

④提高工人的技术熟练程度和工作效率。

⑤详细地进行工序的合并与分解，见表5-8。

表5-8　装配工序周期化计算表

原工序号	1			2	3		4		5	6	7	
工序时间/min	7			3.4	5.8		7.2		2	3.7	5.9	
工步号	1	2	3	4	5	6	7	8	9	10	11	12
工步时间/min	2.1	3.2	1.7	3.4	1.9	3.9	4	3.2	2	3.7	2.3	3.6
工作地数/个		2		1	1		2		1	1	1	

（续）

原工序号	1		2	3		4	5	6	7
同期化程度	0.67		0.65	1.1		0.69	0.38	0.71	1.13
流水线节拍/min·件$^{-1}$	5.2								
新工序号	1		2	3		4		5	
新工序时间/min	5.3		5.1	9.8		5.2		9.6	
工作地数/个	1		1	2		1		2	
同期化程度	1.02		0.98	0.94		1		0.92	
新合并的工步	1、2		3、4	5、6、7		8、9		10、11、12	

注：同期化程度为 t_i/R。

工序同期化后，可根据新确定的工序时间来计算各道工序的设备需要量。

$$S_i = t_i/R$$

式中　S_i——第 i 道工序计算所需工作地数。

一般来说，计算的设备数都不是整数，所取的设备数只能是整台数，这样设备负荷系数 K_i 为

$$K_i = S_i/S_{ei}$$

式中　K_i——设备负荷系数；

　　　S_{ei}——为第 i 道工序所需的实际工作地数。

流水线设备总负荷系数为

$$K_i = \frac{\sum\limits_{i=1}^{m} S_i}{\sum\limits_{i=1}^{m} S_{ei}}$$

设备负荷系数决定了流水生产线的连续程度；K_i 在 0.75 ~ 0.85 之间宜组织间断流水线；K_i 在 0.85 ~ 1.05 之间宜组织连续流水线。

3）计算需要的工人数量

①以手工劳动和使用手工工具为主的流水线工作人员数量为

$$P_i = S_{ei}GW_i$$

$$P = \sum_{i=1}^{m} P_i$$

式中　S_{ei}——设备数；

　　　G——日工作班；

　　　W_i——第 i 道工序同时工作人数。

②以设备加工为主的流水线的人员数量为

$$P = (1 + b) \sum_{i=1}^{m} \frac{S_i G}{f_i}$$

式中　f_i——第 i 道工序每个工人的设备重复定额；

　　　b——考虑缺勤等因素的后备工人百分比。

【例 5-5】 已知某以手工为主的流水线日产量为 160 件，工作班次实行两班制，工序单件工时见表 5-9。试计算节拍、各工序设备负荷系数及工人数。假设每台设备由一个人看管。

表 5-9 设备负荷系数表

工 序 号	1	2	3	4	5	6
时间定额/min·件$^{-1}$	12	4	5	8	6	3
设备数/台	(2)	(1)	(1)	(2)	(1)	(1)
负荷系数	(1.00)	(0.67)	(0.83)	(0.67)	(1)	(0.5)

解： $R = F_e/Q = 2 \times 8 \times 60/160 \text{min/件} = 6 \text{min/件}$

$S_i = t_i/R$

S_{ei} 为 S_i 整数值，结果见表 5-9。

$K_i = S_i/S_{ei}$，结果见表 5-9。

$P = \sum_{i=1}^{m} P_i = 2 \times 2 \times 1 + 1 \times 2 \times 1 + 1 \times 2 \times 1 + 2 \times 2 \times 1 + 1 \times 2 \times 1 + 1 \times 2 \times 1$
$= 16$

4）流水生产线节拍的性质和运输工具的选择　流水生产线采用什么样的节拍，主要根据工序同期化的程度和加工对象的重量、体积、精度和工艺性等特征确定。当工序同期化程度高、工艺性好以及制品的重量、精度和其他技术条件能实现按节拍出制品时，应采用强制节拍，否则就采用自由节拍。

在强制节拍流水生产线上，为保证严格的出产速度，一般采用机械化的传送带作为运输工具。在自由节拍流水生产线上，由于工序同期化水平和连续性较低，一般采用连续式运输带、滚道或其他运输工具。

在采用机械化传送带时，需要计算传送带的速度和长度。传送带的速度公式为

$$V = L/R$$

式中　V——传送带的速度；

L——产品间隔长度；

R——节拍。

传送带的长度公式为

$$L = \sum_{i=1}^{m} L_i + L_g$$

式中　L_i——第 i 道工序工作地间隔长度；

m——工序数目；

L_g——技术长度。

5）流水线的平面布置　流水线的平面布置应当有利于工人操作，使产品运动路线最短，在流水线上互相衔接流畅，并充分利用生产面积。这些要求同流水线的形状、工作地的排列方式等有密切的关系。

流水线的形状一般有直线形、直角形、U 形、山字形、环形及 S 形等，如图 5-6 所示。每种形状的流水线在工作地（设备）的布置上，又可布置为单列流水线与双列流水线。

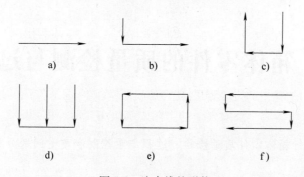

图 5-6　流水线的形状

a）直线形　b）直角形　c）U 形　d）山字形　e）环形　f）S 形

五、思考与练习

1. 不同类型产品的生产进度的安排方法有哪些?
2. 什么是生产作业控制?
3. 生产作业控制的基本环节是什么?

项目 6 箱体零件的质量检测与过程控制

【教学目标】

最终目标：能进行箱体零件质量检验、过程质量控制和质量问题分析。

促成目标：

1）掌握箱体零件加工过程的质量控制方法。

2）能设置箱体零件加工过程的质量控制点。

3）会编制检验指导书。

模块 1 箱体零件的质量检测

一、教学目标

最终目标：会检验一个完工的箱体零件。

促成目标：

1）掌握箱体零件的质量检测方法。

2）掌握箱体零件常用的检测工具的操作方法。

3）会使用检测工具对箱体零件进行检测。

二、案例分析

附图所示的主轴箱箱体零件，其重要技术要求的检测方法如下：

1）$\phi 62^{+0.028}_{-0.018}$ mm 孔轴线相对基准 C 的平行度公差为 0.025mm，采用检验心轴及百分表进行测量。

2）$\phi 115$J7 孔与 $\phi 100$J7 孔的同轴度公差为 $\phi 0.01$mm，采用检验心轴（加套）和百分表测量。

零件的制造，除用一定的加工方法将其加工出来以外，还要有检测零件加工后的实际尺寸的方法和相应的检测器具，这样才能判定零件是否达到设计要求。

（1）分析零件图中要检测的项目 列出主轴箱箱体每个表面的尺寸公差及几何公差，并分析主要的技术要求，以确定合理的检测方法。

（2）确定检测方法 检测方法应尽可能地简便、直接。如果此变速箱为小批生产，那么应尽可能采用通用的检测方法及测量工具，以减少成本。在确定检测项目及精度要求后，可按照相关手册或经验，根据生产类型和企业的具体情况，选定高效、经济的检测方法。在本案例中，除检验心轴外，其余均采用通用量具。

1）同轴度。成批生产可采用综合量规进行测量，精度较高。本例为小批生产，可使用检验心轴和百分表进行测量。心轴用来模拟基准孔的轴线，固定于心轴上的百分表随心轴转动测出检测孔的孔壁相对变动。

2）端面圆跳动。箱体两端面也使用检验心轴及百分表进行测量。检测方法与同轴度原理相似，只是百分表的检测面为端面。

3）位置度。对两孔的位置度要求需通过两个心轴来模拟孔的轴线，并通过百分表检测误差。

4）孔径。对于大批生产，可制作专用的通规和止规进行检测。本例为小批量生产，采用通用量具较为经济，故采用内径千分尺、内径百分表。

5）表面粗糙度。此例中表面粗糙度要求都较常规，因而检测采用样块对比。

以上的检测方法较通用，检测误差主要来源于测量工具的误差，操作人员的技术水平对检测结果的影响也很大。

三、相关知识点

1. 箱体零件常用的检测形式

1）平台测量。平台测量是将箱体放在平台上，使用千斤顶、检验心轴、卡尺、千分尺、量块及各种专用量具进行测量。平台测量是目前工厂使用最多的箱体零件测量方法。

2）三坐标测量机。三坐标测量机是一种先进的质量控制设备，它可以测量各种零件的形状尺寸、孔距等。测量方法简单可靠、容易掌握，并能迅速获得测量结果。与操作复杂、繁琐，需要大量专用测量工具而又费时的传统检测方法相比，三坐标测量机的测量过程简单、操作轻便灵活、舒适、精度高。用三坐标测量机对箱体零件进行检测可以大大提高测量精度和测量效率。

2. 平台主要项目的检测方法及量具

由箱体零件的一般功能及技术要求可知，箱体的主要检测项目如下：

1）各加工表面的表面粗糙度及外观检查。

2）孔、平面的尺寸误差及几何形状误差。

3）孔与孔、孔与平面及平面与平面的相互位置误差。

（1）孔的尺寸及几何形状误差的测量　箱体零件上孔的检测项目主要是孔的圆度误差、圆柱度误差和尺寸误差，可以采用最小包容区域来测量，如图 6-1 所示，t 为圆柱度公差值。

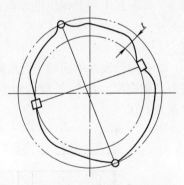

图 6-1　圆柱度误差的包容区域

1）孔径的检测。单件小批生产使用内径千分尺、内径百分表，可得到具体的误差数据；大批量生产多用塞规，以塞规的通端和止端的尺寸分别代表孔的最大和最小极限尺寸，也可以塞规来对孔进行尺寸的测量。

2）孔圆度的检测。箱体较小时，可在圆度仪上测量；箱体较大时，可用三脚内径规测量（见图 6-2）。

（2）平面的误差测量

1）平面度误差的检测。箱体上平面度误差的检测部位主要为装配的对合面及装配底面。检测的方法可以采用

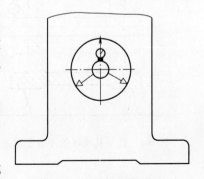

图 6-2　三脚内径规测量

最小包容区域。如图6-3所示，采用的量具为刀口形直尺和百分表。

生产实际中常采用涂色法进行平面度的检测。先将待测表面涂蓝，以标准量具或标准平面进行对研，以平面上的亮点来度量平面的平面度。一般地，每$25mm \times 25mm$内的研点应为$8 \sim 10$个。

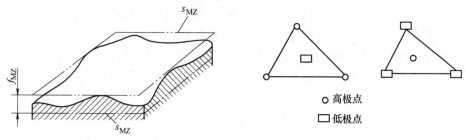

○ 高极点
□ 低极点

图6-3　平面度误差的最小包容区域

2）直线度误差的检测。直线度误差可用平尺和塞尺检验。

（3）孔的位置误差的测量　箱体上孔的误差测量主要是位置误差的测量，它体现在孔与孔之间的同轴度误差、平行度误差及与端面的垂直度误差。

1）孔的轴线平行度的检测。

①孔与孔轴线之间的平行度的检测。如图6-4所示，将被测箱体放在平台上由千斤顶顶起。基准轴线及被测轴线都用心轴模拟。调整千斤顶，使Ⅱ轴上相距为L_2的c、d两点读数相等，此时在Ⅰ轴上相距也为L_2的a、b点测得M_a、M_b，则Ⅰ-Ⅱ轴在L_1长度上的平行度误差f为

$$f = |M_a - M_b|L_1/L_2$$

②孔的轴线对平面的平行度误差测量。如图6-5所示，将被测箱体放在平台上，被测轴线由心轴模拟，在L_2长度的两个点上测量得M_a、M_b，则该轴线对基面在L_1长度上的平行度误差f为

$$f = |M_a - M_b|L_1/L_2$$

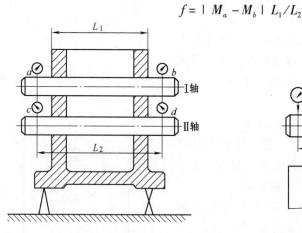

图6-4　孔与孔轴线的平行度误差检测

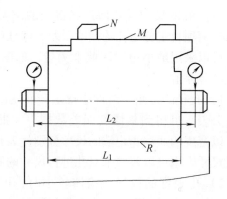

图6-5　孔的轴线对平面的平行度误差测量

2）孔系同轴度误差的检测。大批生产常用综合量规检验，如图6-6a所示。综合量规的

直径应为孔的实效尺寸，若它能通过被测零件同轴线的各孔，则同轴度合格。单件小批生产时，可用图6-6b 所示的心轴配合检测套进行测量。如果要测定同轴度的误差值，可用检测心轴和百分表测量，如图6-6c 所示。

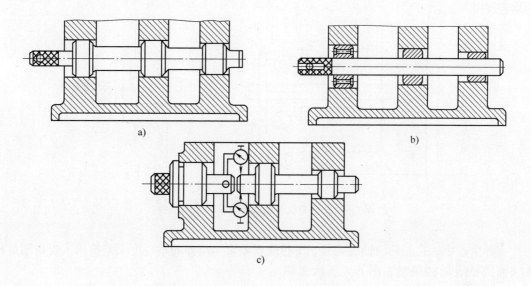

图 6-6　孔系同轴度误差的检测

3）孔的轴线垂直度误差的检测。

①两孔轴线垂直度误差的检测。两孔轴线垂直度误差的检测可采用图 6-7 所示的两种方法，基准轴线和被测心轴上两点的差值就是测量长度内两孔轴线的垂直度误差。图 6-7b 所示的方法为，在基准心轴上装百分表，然后将基准心轴旋 180°，即可测得两孔轴线在 L 长度上的垂直度误差。

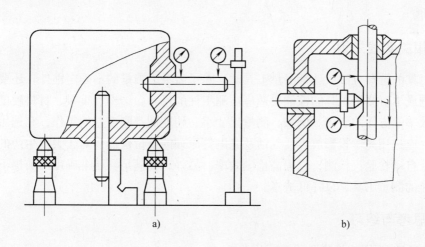

图 6-7　两孔轴心线垂直度误差的检验

②孔轴线与端面垂直度误差的检测。孔轴线与端面垂直度误差的检测可用图 6-8 所示两种方法。图 6-8a 所示为在心轴上装百分表，旋转一周即可确定孔轴线与端面的垂直度误差。图 6-8b 所示为心轴上带有检验盘，可用着色法或塞尺检查间隙 Δ，从而确定孔轴线与端面的垂直度误差。

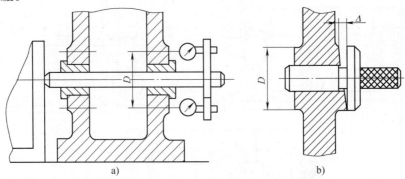

图 6-8　孔轴心线与端面垂直度误差的检验

实际生产中，孔间的同轴度误差、平行度误差及与端面的垂直度误差检测主要是测量相关表面或轴线的圆跳动，图 6-9 所示为圆跳动的测量方法。

（4）表面粗糙度的检验

1）比较法。比较法是将零件的表面粗糙度与样板比较，仅适用于车间检测。

2）光切法。光切法是利用光切原理测量表面粗糙度的方法。光切法常采用的仪器是光切显微镜。该仪器适宜测量车、铣、刨或其他类似方法加工的金属零件的平面或外圆表面。

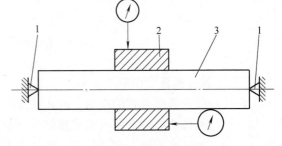

图 6-9　圆跳动测量
1—顶尖　2—被测零件　3—心轴

四、相关实践知识

测量工具的选择方法。选择测量工具时，除了需考虑测量的不确定性外，还要考虑其适用性及检测成本。测量工具的性能要适应被测工件的尺寸、结构、重量、材料硬度、批量大小和检测效率等方面的要求。例如，测量尺寸小、硬度低及刚度差的工作，宜选用非接触式测量方法，应选用光学投影放大、气动及光电等原理的测量仪器；对于大批生产的工件，应选用量规或自动检验机检测，以提高检测效率。另外，在满足测量准确度的前提下，应选用价格较低廉的测量工具，以降低成本。

五、思考与练习

1. 箱体零件常用的检测形式有哪几类？

2. 对于单件小批生产和成批生产的箱体零件，孔的尺寸误差和孔系的同轴度误差的检测方法有何不同？

模块2 箱体零件的质量分析

一、教学目标

最终目标：能对箱体零件加工时出现的质量问题进行分析。

促成目标：

熟悉箱体零件加工方法与零件质量的影响因素、常见质量问题及质量分析方法。

二、案例分析

质量问题分析是通过一些系统的分析方法，对一定数量的已加工好的工件的相关数据进行分析，以确定影响因素，并加以控制。对 LK32-20011 主轴箱箱体的质量分析，可以根据箱体零件加工中出现的常见问题进行分析。

1）了解加工方法及工装设备（见案例）。

2）分析偏差的性质，判断产生偏差的原因。对两孔间同轴度偏差的性质进行分析，以偏差方向是否一致等因素来推论可能的影响因素。判断是镗杆挠曲变形、床身导轨不平直、床身导轨与工作台的配合间隙不当，还是加工余量不均匀、切削用量不合适等原因。

3）根据推论，对加工设备（如镗杆、工作台等）或工装进行检测，确定问题所在。

4）解决问题。对有问题的设备进行校正、检修，或对加工参数及装夹方式进行调整，以减小或补偿加工误差。

三、相关知识点

镗削加工质量分析

箱体的功能和结构特点使箱体具有技术要求及加工方法上的共性，也使箱体零件的质量问题及影响因素具有共性。镗削是加工箱体上的孔及孔系的主要方法，因而也是箱体质量分析的重要对象。

影响镗削加工质量的常见因素包括机床精度、夹具、辅具精度、镗杆各导向套配合间隙、镗杆刚度、刀具几何角度、切削用量、刀具刃磨质量、工件材质、热变形和受力变形、量具的精度、测量误差及操作方法等。在不同的镗削加工方式下，各种因素对加工精度的影响程度也不相同。以下从镗削加工工艺系统受力变形和几何误差方面来分析孔加工的质量。

（1）镗孔受力变形　镗孔可以分为两类：第一类为镗杆与主轴刚性连接，常见于不使用镗模的镗孔；第二类为镗杆与主轴浮动连接，常见于使用镗模的镗孔，镗杆由镗模的导向孔导向。

1）镗杆受力变形。镗杆受力变形是影响镗孔加工质量的主要原因之一。尤其是当镗杆与主轴刚性连接采用悬臂镗孔时，镗杆的受力变形最为严重。悬臂镗杆在镗孔过程中受到切削力矩 M、切削力 F_r 及镗杆自重 G 的作用。

切削力矩 M 使镗杆产生弹性扭曲，主要影响工件的表面粗糙度和刀具的寿命。作用在镗杆上的切削力 F_r 引起镗杆的挠曲变形，在加工时产生让刀，使镗杆的中心偏离了原来的理想中心，如图6-10所示。当切削力大小不变时，刀尖的运动轨迹仍然呈正圆形，但镗出

孔的直径减少了 $2f_F$，F_r 愈大或镗杆伸出越长，则 f_F 就越大。在实际生产中，由于实际加工余量的变化和材质的不均匀，切削力 F_r 是变化的，所以刀尖运动轨迹不可能是正圆形。同理，在被加工孔的轴线方向上，由于加工余量和材质的不均匀，采用镗杆进给时，镗杆的挠曲变形也是变化的。

在镗孔过程中镗杆自重 G 的大小和方向不变。因此，由自重产生的镗杆挠曲变形 f_G 的方向也不变。高速镗削时，由于陀螺效应，自重产生的挠曲变形很小；低速精镗时，自重对镗杆的作用均匀地作用在悬臂梁上，使镗杆实际回转中心始终比理想回转中心低 f_G。G 越大或镗杆悬伸越长，则 f_G 越大，如图 6-11 所示。

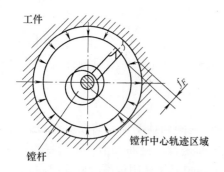

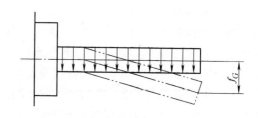

图 6-10　切削力对镗杆挠曲变形的影响　　　　　　图 6-11　自重对镗杆挠曲变形的影响

镗杆在每一瞬间的挠曲变形是切削力 F_r 和自重 G 产生的挠曲变形的合成。可见，在 F_r 和 G 的综合作用下，镗杆的实际回转轴线偏离了理想的回转轴线。由于材质不均匀，实际切削用量的变化，以及镗杆伸出长度的变化，镗杆的实际回转轴线在加工过程中作无规律的变化，从而引起孔系加工的各种误差：对同一孔引起圆柱度误差；对同轴孔系引起同轴度误差；对平行孔系引起孔距误差和平行度误差。粗加工时，切削量较大，相应的切削力也较大，这些情况引起的误差比较显著；精加工时，切削量小切削力也小，这种影响也就比较小。

因此，镗孔时必须十分注意提高镗杆的刚度，一般可采取下列措施。第一，尽可能加粗镗杆直径，减少悬伸长度；第二，采用导向装置，使镗杆的挠曲变形得以约束。此外，也可通过减小镗杆自重和减小切削力对挠曲变形的影响来提高孔系的加工精度。镗杆直径较大（$\phi 80mm$ 以上）时，应加工成空心，以减轻重量；合理选择定位基准，使加工余量均匀；精加工时采用较小的切削用量，并使加工各孔所用的切削用量基本一致，以减小切削力影响。

2）镗床变形。一般地，卧式镗床变形较大。镗床变形主要发生于主轴箱部分，原因是镗床主轴箱结构复杂，主轴的悬伸较长，箱体的重量较大，易使重心位置变动。

主轴箱变形主要包括主轴本身的变形、主轴轴承的变形、平旋盘变形、主轴箱壳体变形及镗杆与主轴间的接触变形。在上述这些变形中，主轴与轴承的变形占主轴箱总变形的绝大部分。

镗削类机床切削加工时，由于切削力是回转的，它相对于直接驱动主轴的作用力的位置是周期变化的，二者形成的合力的大小与方向也相应发生变化，再加上工件材料软硬不均，主轴圆周上各点刚度不一，因此镗床主轴变形在圆周上各点是不一样的。这加大了加工出来的孔的圆度误差。

目前，国内外在提高镗床精度与刚度，减少机床受力变形方面做了不少工作。在设计方面，简化主轴结构，将镗床主轴部件由三层结构改为二层结构，以减少结合面数目，提高接触刚度；采用精度高而润滑性好的轴承，并对轴承预加载荷；加长主轴导向套；选择合适的支承距；加大主轴直径等。在工艺方面，应采用研磨或珩磨等方法，由各孔相互导向进行孔的光整加工，以使主轴箱轴承孔具有较高的精度与表面质量。此外，在大型镗床上还采用一些补偿变形的装置，以补偿部件的弹性变形。

3）工件夹紧变形。箱体结构复杂，壁薄，如果夹紧力过大，或夹紧力的着力点选择不当，都会使工件产生夹紧变形。在这种状态下，虽然工件加工"合格"，但加工后撤去夹紧装置，零件恢复原状，破坏了已加工好的精度。因此，夹紧力应作用于主要定位基面上，作用于工件刚度大的地方，如箱体边缘实体或有肋板的地方。对于精度要求很高的主轴箱，如坐标镗床主轴箱，应在其他零件装配后，再进行主轴孔的精加工和光整加工，以避免其余孔在装配轴承时的变形对主轴孔产生影响。主轴孔进行金刚镗孔及珩磨（或研磨）时最好采用立式机床，工件垂直安装。此外，孔系加工时，箱体的基准面应与夹具定位元件很好地"贴合"。因此，应对箱体基准面进行精磨或精刨，以保证它有足够的平面度与低的表面粗糙度值，从而保证箱体基准面与定位元件"贴合"，减少夹紧变形。

（2）工艺系统几何误差　镗孔时，几何误差对镗孔质量的影响很大。几何误差是指镗杆、导向系统和机床等的制造误差。

1）镗杆的几何弯曲。镗杆受力变形引起尺寸误差的特点是，靠近镗杆导向支承的地方误差小，远离导向支承的地方误差大。但是，镗杆几何弯曲引起工件尺寸的误差并不一定有上述规律。由于镗杆具有较大的弯曲，会造成在对刀位置、镗削前端和后端时，镗杆回转中心与切削刃的相对位置的不同，产生误差。如果掌握了误差产生的原因和规律，可在调整时使切削刃有意产生偏差，可以使孔的精度符合要求。当然，最好还是对镗杆作校直修复。

2）镗杆导向系统的几何误差。采用导向装置或镗模进行镗孔时，镗杆由导套支承，镗杆的刚度较悬臂镗时大大提高。此时，镗杆外圆与导套内孔的几何形状精度及两者间的配合间隙将成为影响孔系加工精度的主要因素之一，现分析如下。

由于镗杆与导套之间存在着一定的配合间隙，在镗孔过程中，当切削力 F_r 大于自重 G 时，刀具不管处在何切削位置，切削力都可以推动镗杆紧靠在与切削位置相反的导套内表面。随着镗杆的旋转，镗杆表面以一固定部位沿导套的整个内圆表面滑动。因此，导套的圆度误差将引起被加工孔的圆度误差，而镗杆的圆度误差对被加工孔的圆度误差没有影响。

精镗时，切削力很小，$F_r < G$，切削力 F_r 不能抬起镗杆。随着镗杆的旋转，镗杆轴颈以不同部位沿导套内孔的下方摆动，如图6-12所示。显然，刀尖运动轨迹为一个圆心低于导套中心的非正圆，直接造成了被加工孔的圆度误差；此时，镗杆与导套的圆度误差也将反映到被加工孔上而引起圆度误差。当加工余量与材质不匀或切削用量选取不一样时，切削力发生变化，引起镗杆在导套内孔下方的摆幅也不断变化。这种变化对同一孔的加工可能引起圆柱度误差，对不同孔的加工可能引起相互位置的误差和孔距误差。这些误差的大小与导套和镗杆的配合间隙有关：配合间隙越大，在切削力作用下，镗杆的摆动范围越大，引起的误差也就越大。

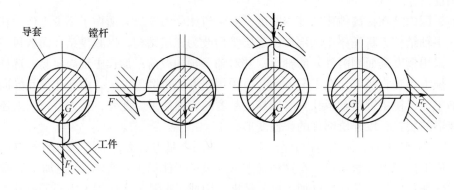

图 6-12　镗杆在导套下方的摆动

综上所述，利用导向装置进行镗孔时，为了保证孔系的加工质量，除了要保证镗杆与导套本身必须具有较高的几何形状精度外，尤其要注意合理地选择导向方式和保持镗杆与导套合理的配合间隙。在采用前、后双导向支承时，应使前、后导向的配合间隙一致。此外，还应注意合理地选择定位基准和切削用量。精加工时，应适当增加进给次数，以保持切削力的稳定，尽量减小切削力产生的影响。

（3）机床进给运动方式的影响　镗孔常有两种进给方式：由镗杆直接进给；由工作台在机床导轨上进给。进给方式对孔系加工精度的影响与镗孔方式有关，当镗杆与机床主轴浮动连接采用镗模镗孔时，进给方式对孔系加工精度无明显的影响；而采用镗杆与主轴刚性连接悬臂镗孔时，进给方式对孔系加工精度有较大的影响。

1）悬臂镗孔、镗杆直接进给。如图 6-13a 所示，在镗孔过程中，随着镗杆的不断伸长，刀尖处的挠曲变形量越来越大，造成圆柱度误差。同理，若用镗杆直接进给加工同轴线上的各孔，则造成同轴度误差。

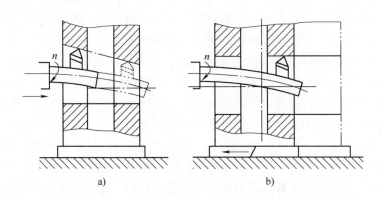

a)　　　　　　　　　　　　b)

图 6-13　机床进给方式的影响

2）悬臂镗孔、工作台进给。如图 6-13b 所示，在镗孔过程中，刀尖处的挠度值不变（假定切削力不变）。因此，镗杆的挠曲变形对被加工孔的几何形状精度和孔系的相互位置精度均无影响。但是，机床导轨的直线度误差会使被加工孔产生圆柱度误差，使同轴线上的孔系产生同轴度误差。机床导轨与主轴轴线的平行度误差使被加工孔产生圆度误差，如图6-14 所示。在垂直于镗杆旋转轴线的截面 $A—A$ 内，被加工孔是正圆；而在垂直于进给方向的截面 $B—B$ 内，被加工孔为椭圆，但产生的圆度误差在一般情况下是极其微小的，可以忽略不计。此外，工作台与床身导轨的配合间隙对孔系加工精度也有一定影响，因为当工作台做正、反向进给时，通常是以不同部位与导轨接触的，这样，工作台就会随着进给方向的改变而发生偏摆，间隙越大，工作台越重，其偏摆量越大。因此，当镗同轴孔系时，会产生同轴度误差；镗相邻孔系时，则会产生孔距误差和平行度误差。

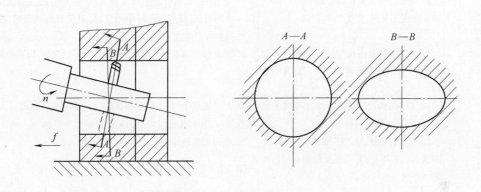

图6-14　进给方向与主轴轴线不平行

在悬臂镗孔时，镗杆的挠曲变形较难控制。比较以上两种进给方式，机床工作台进给，并采用合理的操作方式，比镗杆进给更容易保证孔系的加工质量。因此，在一般的悬臂镗孔时，特别是当孔深大于200mm 时，大都采用工作台进给。但加工大型箱体时，镗杆的刚度好，而用工作台进给十分沉重，易产生爬行，反而不如镗杆直接进给快，此时宜采用镗杆进给。另外，当孔深小于200mm 时，镗杆悬伸短，也可直接采用镗杆进给。

（4）箱体的内应力与热变形对加工精度的影响　若箱体铸件壁厚不均，加强肋分布不均，或直径大的铸孔在一壁相邻很近，而另一壁并无此种孔，都会使得箱体中的金属分布不均匀，铸造内应力的影响增大。箱体加工过程中会使内应力重新分布，进而造成箱体的变形。因此，应对箱体进行时效处理。

箱体材质分布不均还会引起较大的切削热变形。尤其在工序安排不当时影响更大。例如，加工某孔时，在一次装夹下，连续进给完成该孔的粗、精加工，加工后出现孔的"倒锥"（入口处孔径小于出口处孔径）。这是由于精加工是在粗镗大孔产生的热变形还未消除的情况下进行的，随着刀具的移动，孔的热变形逐渐减小，而使加工后的孔呈现"倒锥"形。同时，精镗后的孔有较大的圆度误差。这是由于粗加工时产生的大量切削热在不同壁厚处有不同的热传导速度，从而有不同的热膨胀。薄壁处温度高，向外膨胀的热变形大；厚壁处温度低，向外膨胀的热变形就小。工件在未冷却的情况下进行精镗，热变形较大的地方比热变形较小的地方切削量小。所以冷却后，就形成了圆度误差。以上质量问题，通过采取粗、精加工分开，加强冷却等措施便能得到解决。

四、相关实践知识

1. 钻削加工常见的质量问题及解决方法（见表6-1）

表 6-1　钻削加工常见的质量问题及解决方法

质量问题	产生原因	解决方法
孔径扩大、孔轴线偏斜	1. 钻头左、右两条切削刃不对称 2. 钻头的横刃太长，导致进给力很大，钻头刚度不足时，产生钻头引偏 3. 夹具上钻套内孔与钻头的配合间隙过大，不能对主轴回转起到良好的导向作用 4. 工件结构设计或加工顺序安排不合理，导致钻头切削负荷不均匀 5. 工件待钻孔处的平面不平整，工件装夹时位置不正确，导致工件端面与钻头轴线不垂直	1. 刃磨麻花钻时，务必使左右两条切削刃保持对称 2. 钻孔前，先用中心钻或顶角为90°～100°的较短的钻头钻出一个凹坑，可提高钻孔对中精度，并避免开始钻削时，横刃与工件接触时产生大的进给力 3. 修磨标准麻花钻的横刃，使其长度尽量缩短，以减小进给力 4. 尽量采用工件回转，钻头作轴向进给的钻削方式，尤其是在钻深孔时，其对孔轴线偏斜的抑制作用更为明显 5. 及时调整或修理机床，消除机床回转误差 6. 钻套高度应有足够的大小，钻套端面到工件表面之间的距离应适当（过大，则钻套的导向作用减弱，过小，会影响排屑），夹具在机床上应正确安装 7. 钻孔前先加工工件端面，使端面与钻头轴线垂直。如在车床上钻孔，应尽可能使车端面与钻孔在一次装夹中完成 8. 钻小孔和深孔时，选用适当的进给量，以减小进给力，避免因钻头弯曲而导致孔的偏斜 9. 钻深孔时，不仅工件较长，需使用中心架支承，而且刀具也很长，钻头和钻杆同样需要用支架支承
钻头崩刃和折断	1. 在刚切入工件和孔即将钻通时，切削力骤增 2. 切屑对钻头的缠绕和在容屑槽中的堵塞 3. 切削液施加不连续，钻头间断性地不充分冷却 4. 钻头磨损超过极限 5. 工件或夹具刚度不足，在钻头受力突然减小时产生弹性恢复，使进给量突增	1. 及时刃磨钻头，且在刃磨时将磨损部分全部磨掉 2. 修磨横刃，使其长度大幅减小 3. 改善断屑、排屑条件，如在钻头上开分屑槽，控制切削条件，增大断屑变形 4. 采用分级进给方式，切入时采用较大进给量，退出时反之，或在孔钻通前改用手动进给

2. 卧式镗床加工中常见的质量问题与解决方法（见表6-2）

表6-2　卧式镗床加工中常见的质量问题与解决方法

质量问题	影　响　因　素	解　决　方　法
尺寸精度超差	1. 精镗的背吃刀量没掌握好 2. 镗刀刀块刃磨尺寸发生变化，镗刀块定位面间有脏物 3. 用对刀规对刀时产生测量误差 4. 铰刀直径选择有误；切削液选择不当 5. 镗杆刚度不足，有让刀 6. 机床主轴径向圆跳动过大	1. 调整背吃刀量 2. 调换符合要求的镗刀块；清除脏物，重新安装 3. 利用样块对照仔细测量 4. 试铰后选择直径合适的铰刀；调换切削液 5. 改用刚性好的镗杆或减小切削用量 6. 调整机床
表面粗糙度Ra值超差	1. 镗刀刃口磨损 2. 镗刀几何角度不当 3. 切削用量选择不当 4. 刀具用钝或有损坏 5. 没有用切削液或选用不当 6. 镗杆刚度差，有振动	1. 重新刃磨镗刀刃口 2. 合理改变镗刀几何角度 3. 合理调整切削用量 4. 调换刀具 5. 使用合适的切削液 6. 改用刚度好的镗杆或镗杆支承形式
圆柱度超差	1. 用镗杆进给时，镗杆存在挠曲变形 2. 用工作台进给时，床身导轨不平直 3. 刀具的磨损 4. 刀具的热变形	1. 采用工作台进给，增强镗杆刚度，减少切削用量 2. 维修机床 3. 提高刀具的寿命，合理选择切削用量 4. 使用切削液；减小切削用量；合理选择刀具角度
圆度超差	1. 主轴的回转精度差 2. 工作台进给方向与主轴轴线不平行 3. 镗杆与导向套的几何精度与配合间隙不当 4. 加工余量不均匀；材质不均匀 5. 背吃刀量很小时，多次重复走刀形成"溜刀" 6. 夹紧变形 7. 铸造内应力 8. 热变形	1. 维修、调整机床 2. 维修、调整机床 3. 使镗杆和导向套的几何形状符合技术要求并控制合适的配合间隙 4. 适当增加进给次数；合理地安排热处理工序；精加工采用浮动镗削 5. 控制精加工进给次数与背吃刀量，采用浮动镗削 6. 正确选择夹紧力、夹紧方向和着力点 7. 进行人工时效，粗加工后停放一段时间 8. 粗、精加工分开，注意充分冷却
同轴度超差	1. 镗杆挠曲变形 2. 床身导轨不平直 3. 床身导轨与工作台的配合间隙不当 4. 加工余量不均匀，不一致；切削用量不均衡	1. 减少镗杆的悬伸长度，采用工作台进给、调头镗；增加镗杆刚度，采用镗套或后主柱支承 2. 维修机床，修复导轨精度 3. 适当调整导轨与工作台间的配合间隙；镗同一轴线孔时采用同一进给方向 4. 尽量使各孔的余量均匀一致；切削用量相近；增强镗杆刚度，适当降低切削用量，增加进给次数
平行度超差	1. 镗杆挠曲变形 2. 工作台与床身导轨不平行	1. 增强镗杆刚度；采用工作台进给 2. 维修机床

五、思考与练习

1. 钻头不及时刃磨或刃磨质量有问题，会对钻孔质量产生哪些影响？

2. 悬臂镗孔时，镗杆刚度不足会对镗孔的加工质量产生何种影响？如何控制？

模块 3　箱体零件的加工过程质量控制

一、教学目标

最终目标：能进行箱体零件加工过程控制。
促成目标：
1）掌握箱体零件加工过程的质量控制方法。
2）能设置箱体零件加工过程的质量控制点。
3）会编制检验指导书。

二、案例分析

1）分析零件图及工艺资料，了解重点加工工序。由附图、工艺文件及前面分析可知，孔系的同轴度公差、圆柱度公差及其与底面、定位槽的平行度公差都是重要的技术要求，也是重点监控的目标。在加工过程中，粗镗、精镗工序是重要的工序。

2）确定质量控制点。质量控制点的数量设置要合理、高效、经济。根据以上分析及工艺文件，确定铸造工序、粗镗工序、精镗工序、最终加工工序作为质量控制点。

3）编制质量检验文件。确定加工工序的具体检测项目及检测的设备及方法，并编制质量检验文件，如检验指导书（包含检验工序卡）。

三、相关知识点

1. 质量管理的基本方法

（1）全面质量管理的工作方法——PDCA 工作循环

1）PDCA 工作循环的含义。PDCA 是 Plan（计划）、Do（执行）、Cheek（检查）及 Action（处理）四个词的缩写。PDCA 工作循环是质量管理活动运转的基本方式，是一种科学的工作程序。其科学性表现为，工作循环要使各项工作都按照计划，经过实践，再检验其结果，进而按照结果分如下两种情况进行处理：

①成功的成果方案纳入标准。

②不成功的方案转入下一个循环去解决。

2）PDCA 工作循环的运作如图 6-15 所示。

3）PDCA 工作循环的特点。

①PDCA 工作循环是一个不断前进、不断上升的工作循环，它每循环一次即能使工作提高一步。不断循环，不断提高（原有水平→新的水平→更高水平）。

②PDCA 工作循环的关键是 A 阶段，即总结处理。

4）PDCA 工作循环的步骤见表 6-3。

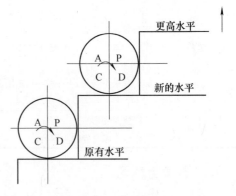

图 6-15　PDCA 工作循环的运作图

表 6-3　PDCA 工作循环的步骤

阶段名称	工作步骤	阶段名称	工作步骤
P 阶段	分析现状，找出问题(质量) 分析产生问题的各种因素 找出各种因素中的主要因素 针对主要因素，制订措施计划	D 阶段	按措施计划执行
		C 阶段	按计划要求，检查执行效果
		A 阶段	总结经验，巩固成绩，并纳入各项标准 提出遗留问题，转入下次的 PDCA 循环

PDCA 工作循环在企业中的应用如图 6-16 所示。

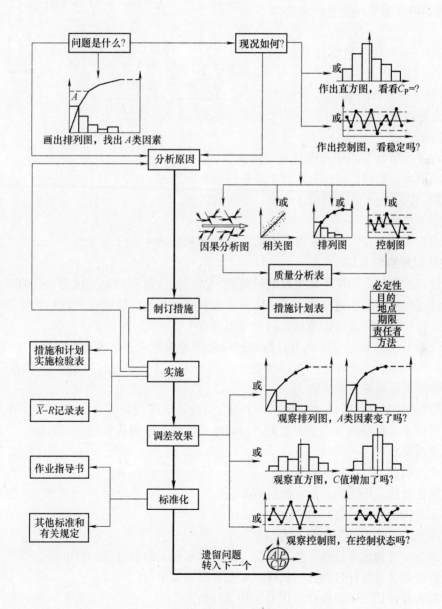

图 6-16　PDCA 流程图

（2）质量管理的数理统计方法　全面质量管理要根据事实进行判断管理，包括定性的管理和定量的管理，它需要借助于数理统计方法。目前，企业中常用的数理统计方法有七种，即分层法、排列图法、因果分析图法、直方图法、控制图法、相关图法及统计调查分析法。

因果分析图（又称树枝图、特性因素图或关系图）法是一种寻求质量问题产生原因的方法。

1）原理。因果分析图法的原理如图 6-17 所示，通过箭头线，将质量问题与原因之间的关系表示出来，其中包括特性、原因及枝干等因素。

①特性——要分析的质量问题（如车削得到的外圆表面质量较差等质量问题）。

②原因——指对质量特性产生影响的因素。

③枝干——表示因果关系的箭头线，箭头由原因指向结果。

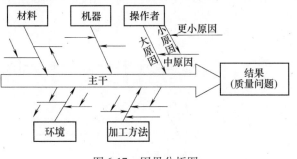

图 6-17　因果分析图

2）作图方法。

①确定分析对象（质量问题）。

②发动群众，集思广益，分析产生质量问题的原因。

③整理原因，把所有原因按大、中、小画到图上。

④确定主要原因。

⑤到现场实地调查，制订出改进措施，并按 PDCA 循环执行。

2. 统计过程控制方法

统计过程控制是生产现场质量控制的重要方法。统计过程控制方法有静态和动态之分，静态的统计过程控制方法通常称为工序能力研究，而动态的统计过程控制方法则是指控制图法。此外，抽样检验也是统计质量控制中常用的方法。

（1）工序能力评价　工序能力是指当过程处于稳定状态下的实际加工能力，它是衡量工序质量的一种标志。工序能力在机械加工中指一道工序处在稳定（控制）状态时的加工精度能够满足产品质量要求的能力。

1）工序能力研究的作用及步骤。工序能力研究是现场质量管理中极为重要的课题，主要目的是对加工过程及设备的加工能力进行调查和掌握，以确认其精度保证能力是否满足加工零件的质量要求。

工序能力研究的作用如下：

①度量机器或工序的性能，了解过程知识。

②揭示改进工序的机会。

③排除机器或过程分析中的人为偏见。

④帮助企业查找成本过高、生产延误，以及废品和返修品过多的原因。

⑤帮助企业评估统计过程控制的样本容量和采样频率。

⑥帮助企业评估工序潜在的保证加工精度的能力。

⑦给出统一评价指标。

⑧帮助企业设置合理的公差规范。

工序能力研究的步骤如下：

①通过恰当的过程控制计划识别研究对象。

②根据工序的实际状况确定采样计划。

③按采样计划收集工件，并测量相应的质量特性值，以收集数据。

④做直方图和控制图，分析分布情况是否服从正态分布。若服从正态分布，则进行第5步；否则，需分析原因，排除系统性故障。

⑤估算工序能力指数。

2）直方图与工序能力指数（C_P）。直方图（又称质量分布图）用于判断工序的质量状况和预测变化的趋势。

质量的波动性。在机械加工中，即使用同样的设备和相同的材料，由同一工人操作，其尺寸也是波动的（即弹坑理论），且波动是周期性的。零件的设计尺寸称为公称尺寸，允许的尺寸变动范围称为公差。实际加工尺寸往往集中于公差中间（中心），离公差越远，工件数量越少。为了稳定生产合格品，必须在生产过程进行控制，使其尺寸都在公差范围内。

质量波动的原因。工艺系统变化：机床发热，模具膨胀。

下面以在无心磨床上加工活塞销外径为例，介绍直方图的画法。

①制试样量值记录表。抽检90件，分9组（每组10件）。根据实测数值，绘制样本抽样量值记录表，见表6-4。

②根据量值记录表绘制频数表，见表6-5。

表6-4　试样量值记录　　　　　　（单位：μm）

| 组号 | 试样号 | 测量结果 | | | | | | | | | | 每行的最大值 | 每行的最小值 |
		1	2	3	4	5	6	7	8	9	10		
1	1~10	2.510	2.517	2.522	2.522	2.510	2.521	2.519	2.543	2.525	2.532	2.543	2.510
2	11~20	2.527	2.531	2.506	2.541	2.512	2.515	2.512	2.536	2.529	2.524	2.541	2.506
3	21~30	2.529	2.523	2.523	2.523	2.519	2.528	2.543	2.538	2.518	2.534	2.543	2.518
4	31~40	2.520	2.514	2.512	2.524	2.526	2.530	2.532	2.526	2.523	2.520	2.532	2.512
5	41~50	2.535	2.523	2.526	2.525	2.532	2.822	2.502	2.530	2.535	2.514	2.535	2.502
6	51~60	2.533	2.510	2.542	2.530	2.521	2.524	2.522	2.535	2.540	2.528	2.542	2.510
7	61~70	2.525	2.515	2.520	2.519	2.526	2.527	2.543	2.522	2.540	2.528	2.543	2.515
8	71~80	2.531	2.545	2.524	2.522	2.520	2.519	2.519	2.529	2.522	2.513	2.545	2.513
9	81~90	2.518	2.511	2.511	2.519	2.531	2.527	2.528	2.519	2.521	2.531	2.531	2.511
											最大值	最小值
											2.545	2.502

表 6-5　频 数 统 计

序　　号	组距/μm	组中值 X_i/μm	频 数 符 合	频　　数
	（1）	（2）	（3）	（4）
1	2.5005 ~ 2.5055	2.503		1
2	2.5055 ~ 2.5105	2.508		4
3	2.5105 ~ 2.5155	2.513		9
4	2.5155 ~ 2.5205	2.518		14
5	2.5205 ~ 2.5255	2.523		22
6	2.5255 ~ 2.5305	2.518		19
7	2.5305 ~ 2.5355	2.533		10
8	2.5355 ~ 2.5405	2.538		5
9	2.5405 ~ 2.5455	2.543		6
合　　计				90

③绘制直方图。根据频数分布表，即可绘制直方图，如图 6-18 所示。横坐标为各组的分组值（分界线），纵坐标为各组的频数（件数）。

④工序质量的判别。利用直方图的形状，可判别工序质量状况，并预测质量变化趋势及原因。

正常型直方图（见图 6-18a）是正态分布，即中间高、两端低，质量特征值（直方图分布范围 B）分布范围略小于工件尺寸公差（T），且余量两边均分（工序质量正常受控）。

双峰型直方图（见图 6-18b），把在不同条件下生产的产品混在一起测量（如两台机床生产的产品）。

锯齿形直方图（见图 6-18c），测量方法有误或分组不当，工序本身无质量问题。

陡壁型直方图（见图 6-18d），像峭壁一样向一边倾斜，其原因是进行了全数检查，直方图数据包含被剔除的不合格品。

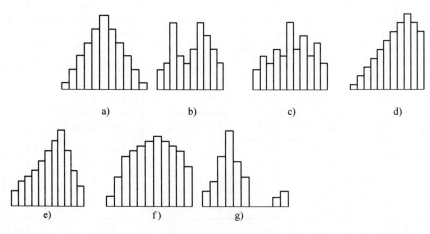

图 6-18　直方图形状
a）正常型　b）双峰型　c）锯齿型　d）陡壁型　e）偏态型　f）平台型　g）孤岛型

偏态型直方图（见图 6-18e），顶峰偏向一方，往往由加工习惯造成，如工人习惯将孔车小，将外圆车大。

平台型直方图（见图 6-18f），系某些缓慢变化的系统因素造成，如刀具磨损。

孤岛型直方图（见图 6-18g），在远离中心的地方出现小的直方图，表明存在某种工艺异常（如加工条件变化，原材料或毛坯异常，以及工人技术出现变化等）。

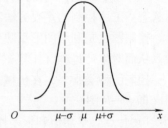

图 6-19 正态分布曲线

3）正态分布图与工序能力指数（C_P）。正态分布图是用来计算工序能力指数（C_P）的。

①正态分布曲线。直方图虽能直观地观察和判断工序的质量状况，但不能定量进行分析。如将测量数据增多，并把分组的组距缩小，则直方图多边形慢慢接近于一条光滑的曲线，如图 6-19 所示，这条曲线即为正态分布曲线（又称高斯曲线）。

用非示值性仪器或量具测得的产品质量特性数据一般均呈正态分布曲线（质量处于可控状态）。

正态分布曲线图的特征参数如下：

μ——变量（x）的平均值，即尺寸平均值，它决定正态分布图的中心位置。

σ——标准偏差。

σ 反映了曲线的形状。当 σ 很小时，曲线如尖塔，σ 值很大时，曲线渐趋平稳。

②工序能力指数（C_P）。工序能力指数是直接反映工序能力的系数，又称为工程能力指数。在机械加工中，工序能力是产品质量变化允许的最大幅度值，又称为质量能力或工程能力。工序能力往往用实际加工尺寸分布范围来表示。在质量管理中，一般认为 $\pm 3\sigma$（标准偏差）范围内的尺寸差异是不可避免的，即允许零件的加工尺寸在这一范围内波动。产生这种波动的工艺原因是偶然（随机）的，所以称为偶然性差异，在技术上很难消除，即使能消除，在经济上也是不合算的。但在 $\pm 3\sigma$ 以外的差异，则往往是由系统性原因所致，故称为系统性差异。对于系统性差异，必须认真查找原因（如机床磨损、刀具磨损、材料与毛坯的缺陷及操作失误等），及时采取工艺措施，加以消除。

③工序能力指数的计算。工序能力指数用质量标准与工程能力（6σ）之比来计算。在机械加工中，可用公差表示零件的质量标准，即工序能力指数为零件的尺寸公差与工程能力之比

$$C_P = T/6\sigma$$

C_P 值是衡量工件质量的一个综合性指标，求得 C_P 值后，即可根据工序能力指数判断标准（见表 6-6）来鉴定工序的工作状态。

表 6-6　C_P 值的判断标准

C_P 值	判 断 标 准
$C_P > 1.33$	工序能力可以充分满足工件的质量（公差）要求。但该值过大将使成本提高，经济效益下降
$C_P = 1.33$	工序能力为理想状态
$1 < C_P < 1.33$	较理想。当 $C_P \approx 1$ 时，可能会产生不合格品，应加强管理
$C_P < 1$	生产不稳定，工序能力无法满足质量（公差）要求，应采取工艺措施，提高工序能力，并对零件进行全数检查

（2）工序控制　在生产过程中，随机抽样并观测其质量波动。如果其波动是由于偶然性原因引起的，则波动大体遵循正态分布，这种波动一般称为被控制的波动，此时工序处于稳定状态。如果波动是由于系统性原因引起的，则这种波动称为非控制的波动，此时工序处于失控状态。

工序控制就是利用统计规律来判别和控制系统性原因造成的质量波动，保持工序处于控制状态。工序控制的主要方法有控制图法和工序诊断调节法，这里只介绍一下控制图法。

控制图法是利用图形反映生产过程中质量变动的状态（动态），用于改进检验方式和范围，从而对生产过程（工序）进行分析和监控。

控制图种类很多，在机械加工的质量管理中，常用的是平均值（$\overline{X}$）和根差（R）控制图（即 $\overline{X}$—R 图）。

1）特点。平均值和根差控制图能动态地发现质量变化状态。

2）绘制方法。

①采样。与直方图相似，采用定时抽样方法。如每天定时从流水线（或加工中心）上取一组样品（n 个）进行测量，连续抽取若干天（一般为一个月），分别计算出各组数据的平均值（$\overline{X}$）和根差（R）。

②作图。以横座标为试样组数，纵座标为 $\overline{X}$ 或 R 值，将各点连接即成 $\overline{X}$—R 控制图（$R = X_{\max} - X_{\min}$），如图 6-20 所示。

3）实例分析应用。在无心磨床上磨小轴外圆，为控制工序质量，需绘制 $\overline{X}$—R 控制图。

①取样。定时取样，每组 5 件，共 25 组。根据试样测量结果，列出控制图数据表，见表 6-7。

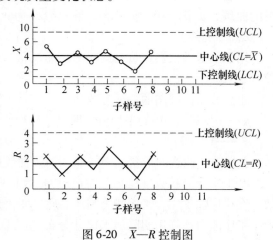

图 6-20　$\overline{X}$—R 控制图

表 6-7　质量控制图数据

产　品		零 件 名		×××轴	期间		检查盖章
质量特点	直径	编号			所属		×××
测量单位	1/1000	制造个数			机号		
规格	最大	6.470mm	抽样	数量	5	操作者	××
	最小	6.400mm		间隔	Lh	检查员	××
规格号		×××	测量仪器号		×××		
序号	X_1	X_2	X_3	X_4	X_5	$\sum X$	$\overline{X}$	R
1	47	32	44	35	20	178	35.6	27
2	19	37	31	25	34	146	29.2	18
3	19	11	16	11	44	101	20.2	33

（续）

序号	X_1	X_2	X_3	X_4	X_5	$\sum X$	$\overline{X}$	R
4	29	29	42	59	38	197	29.4	30
5	28	12	40	36	25	146	29.2	33
6	40	35	11	38	33	157	31.4	29
7	15	30	12	33	26	116	23.2	21
8	35	44	32	11	38	160	32.0	33
9	27	37	26	20	35	145	29.0	17
10	23	45	26	37	32	163	31.6	22
11	28	44	40	31	18	161	32.2	26
12	31	36	24	32	22	134	26.8	11
13	22	37	19	47	14	139	27.8	33
14	37	32	12	28	30	149	29.8	26
15	25	40	24	50	19	158	31.6	31
16	7	31	23	18	32	111	22.2	25
17	38	0	41	40	37	156	31.2	41
18	35	12	29	48	20	144	28.8	16
19	31	20	30	24	47	157	31.4	27
20	12	27	38	40	31	148	29.6	28
21	52	42	24	25	52	195	39.0	28
22	20	31	15	11	20	97	19.4	28
23	29	47	41	33	22	171	34.2	25
24	28	27	22	32	54	163	28.2	32
25	42	34	15	29	21	141	28.2	27
							746.6	686

n	A_2	D_3	D_4	$\sum \overline{X} = 746.6$ $\overline{\overline{X}} = 29.9$	$\sum R = 686$ $\overline{R} = 27.4$
5	0.58	0	2.11	控制上限 $= \overline{\overline{X}} + A_2 \cdot \overline{R} = 45.8$ 控制下限 $= \overline{\overline{X}} - A_2 \cdot \overline{R} = 14.0$	控制上限 $= D_4 \cdot \overline{R} = 57.8$ 控制下限 $= D_3 \cdot \overline{R} = 0$

注：表中的 A_2、D_4 和 D_3 为常数，决定于子组样本容量。统计方法确定后可查得其值。一般地，n 越大，抽样数越多，通过常数算出的过程标准差与实际值就越接近。

②计算每组的平均值（$\overline{X}_i$）和根差（R_i）。

$$\begin{cases} \overline{X_i} = \dfrac{X_1 + X_2 + X_3 + \cdots + X_n}{n} \\ R_i = X_{\max} - X_{\min} \end{cases}$$

式中 $\overline{X_i}$ ——每组平均值；

R_i ——每组根差；

$X_{\max}$ ——组内最大值；

$X_{\min}$ ——组内最小值。

将表6-7中的数值代入上述二式，得

$$\begin{cases} \overline{X_1} = 35.6 \\ R_1 = 27 \end{cases} \quad \begin{cases} \overline{X_2} = 29.2 \\ R_2 = 18 \end{cases} \quad \begin{cases} \overline{X_3} = 20.2 \\ R_3 = 33 \end{cases}$$

③计算全部试件的平均值（$\overline{X}$）和根差（R）。

$$\overline{X} = \frac{\overline{X_1} + \overline{X_2} + \overline{X_3} + \cdots + \overline{X_K}}{K} = \frac{1}{K} \sum_{i=1}^{K} \overline{X_i}$$

$$R = \frac{R_1 + R_2 + R_3 + \cdots + R_K}{K} = \frac{1}{K} \sum_{i=1}^{K} R_i$$

式中 K 为组数。

将表6-7中的数值代入，得

$$\begin{cases} \overline{X} = \dfrac{746.6}{25} \approx 29.9 \\ R = \dfrac{586}{25} \approx 27.4 \end{cases}$$

④中心线及上、下控制线（UCL、LCL）的计算。

对于 $\overline{X}$ 图，中心线即为 $\overline{X}$ 值。

上控制线限值：$UCL = \overline{X} + A_2 \cdot R = 29.9 + 0.58 \times 27.4 = 45.8$

下控制线限值：$LCL = \overline{X} - A_2 \cdot R = 29.9 - 0.58 \times 27.4 = 14.0$

对于 R 图，中心线即为 R 值。

上控制线限值：$UCL = D_4 \cdot \overline{R} = 2.11 \times 27.4 = 57.8$

下控制线限值：$LCL = D_3 \cdot \overline{R} = 0 \times 27.4 = 0$

⑤绘制 $\overline{X}$—R 图。在直角坐标系中，先画出 $\overline{X}$ 和 R 图的上、下控制线（UCL、LCL），再将 $\overline{X_i}$ 和 R_i 的各值点画在图中，并用直线相连，如图 6-21 所示。根据图上各点的变化（动态），即可观察和监控工序质量状况。

⑥$\overline{X}$—R 图的观察和判断。工序状态稳定的判别有二个方面：一是所有点均在上、下控制线内；二是点在控制线内的排列没有缺陷。如出现以下情况时，工序状态是不稳定的。

如图 6-21a 所示，点跳出了控制界限（出现废品）。

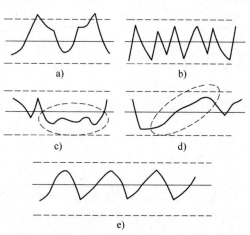

图 6-21 工序状态的判别

如图 6-21b 所示，出现点接近控制界限情况。连续 3 点中有 2 点接近控制界限、连续 7 点中有 3 点接近控制界限、连续 10 点中有 4 点接近控制界限时，应引起注意，找原因，采取措施。

如图 6-21c 所示，出现链状，即若干点连续出现在中心线的一侧。连续 5 点出现在同侧时，应注意操作方法；连续 6 点出现在同侧时，开始调查原因；连续 7 点出现在同侧时，应采取工艺措施。

如图 6-21d 所示，出现若干点连续上升（或下降）的情况。出现 5 点连续上升（或下降）的情况时，应注意操作方法；出现 6 点连续上升（或下降）的情况时，应调查原因；出现 7 点连续上升（或下降）的情况时，应采取措施。

如图 6-21e 所示，点出现周期性变化现象。可能存在某种系统原因，查明原因采取措施。

3. 抽样检验

抽样检验是一种既经济又科学的检验产品或工序质量的方法，也是统计技术在质量控制领域应用的标志性成果之一，无论是工序能力研究还是控制图的应用都离不开抽样检验。抽样检验时应遵循国家标准。

（1）抽样检验的定义　按数理统计的方法，从一组待检产品中随机抽取一部分样本，并对样本进行全数检验，再根据检验结果来判定整批产品的质量状况的检验过程即为抽样检验，如图 6-22 所示。

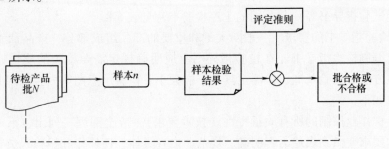

图 6-22　抽样检验示意图

（2）抽样检验的作用

1）节约检验费用，节省人力、物力。

2）对于破坏性检验项目，抽样检验是唯一可行的检验方式。

3）对于流程性加工对象的质量检验，抽样检验是经济、可行的方法。

4）对于数量大、检验项目多的场合，使用抽样检验比全数检验更能保证产品质量。

四、相关实践知识

1. 加工过程质量控制文件的制订

（1）质量控制点的设定　产品的质量检测是质量控制程序中的重要部分，合理地设置质量控制点，有利于保证产品的加工质量。

一般对影响零件、部件和设备的性能、寿命，以及工作安全的关键尺寸和技术要求，在加工过程中设质量控制点，以进行质量监控。例如，如下情况需设置质量控制点：

1）精度要求较高的加工工序进行前和完成后。

2）零件从一个加工车间转至另一个车间时。

3）零件加工结束后。

4）装配前，对零件与装配相关的重要尺寸进行检测时。

箱体零件的重要尺寸及技术要求一般包括：孔的尺寸精度、形状精度、孔系的位置精度及基准面的形状和位置精度等。

（2）检验指导书

1）检验指导书的概念。检验指导书是具体规定检验操作要求的技术文件，又称检验规程或检验卡片。它是产品形成过程中，用以指导检验人员规范、正确地对产品进行检查、测量及试验的技术文件。检验指导书是产品检验计划的一个重要部分，其目的是为重要产品及组成部分和关键作业过程的检验活动提供具体的操作指导。它是质量管理体系文件中的一种技术指导性文件，又可作为检验手册中的技术性文件，其特点是技术性、专业性、可操作性很强，要求文字表述明确、准确，操作方法说明清楚、易于理解，过程简便易行。其作用是使检验操作统一、规范。

由于产品形成过程中具体作业特点、性质的不同，检验指导书的形式、内容也不相同，有进货检验用的检验指导书（如某材料化学元素成分检验指导书、某电子元器件筛选检验指导书等）、过程（工序）检验用的检验指导书（如机加工工序检验指导书、电镀工序检验指导书等）及组装和成品落成检验用的检验指导书（如主轴组装检验指导书、清洁度检验指导书及性能试验指导书等）某公司的工序检验卡片见表6-8。

2）编制检验指导书的要求。一般对关键和重要的产品组成部分、产品加工完成后的检验和试验都应编制检验指导书。在检验指导书上应明确规定需要检验的质量特性及技术要求，规定检验方法、检验基准、检测工具、子样大小及检验示意图等内容。因此，编制检验指导书的要求如下：

①对该过程作业控制的所有质量特性（技术要求），应全部逐一列出，不可遗漏。对质量特性的技术要求要做到表述语言明确、规范，内容具体，使操作和检验人员容易掌握和理解。此外，还可能要包括不合格的严重性分级、尺寸公差、检测顺序、检测频率及样本大小等有关内容。

②必须针对质量特性和不同精度等级的要求，合理选择适用的测量工具或仪表，并在指导书中标明它们的型号、规格和编号，甚至说明其使用方法。

③采用抽样检验时，应正确选择并说明抽样方案。根据具体情况及不合格严重性分级确定可接受质量水平的 AQL 值，正确选择检查水平，根据产品抽样检验的目的、性质及特点选用适当的抽样方案。

④检验指导书的主要作用是使检验人员能够按照其规定的内容、方法、要求和程序进行检验，保证检验工作的规范性，有效地防止错检、漏检等现象发生。

3）检验指导书的内容。

①检测对象：受检产品名称、型号、图号、工序（流程）名称及编号。

②质量特性值：按产品质量要求转化的技术要求，规定检验的项目。

③检验方法：规定检测的基准（或基面）、检验的程序和方法、有关计算（换算）方法、检测频次及抽样检验时的有关规定和数据。

表 6-8　检验指导书

工序检验卡片	零件名称	图号	工序号	工序名称	共 3 页
	箱体		9	检验	第 3 页

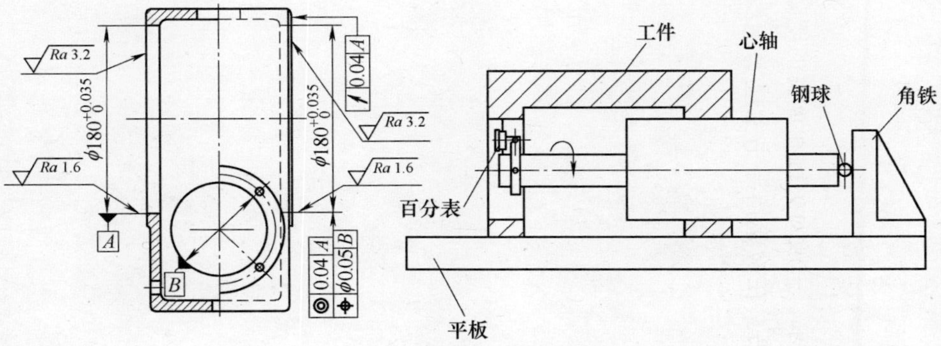
Ra 3.2
Ra 1.6
$\phi180^{+0.035}_{0}$
0.04 A
Ra 3.2
Ra 1.6
$\phi180^{+0.035}_{0}$
0.04 A
ϕ0.05 B
A
B
工件
心轴
钢球
角铁
百分表
平板

材料		毛坯类型		批量	
工步号	检验项目	检验内容	工艺装备		工步工时
3	同轴度	（见左图）	800mm × 800mm 平板，百分表及表架，螺旋千斤顶，角铁或方箱，ϕ6mm 钢球，与工件孔径相配的检验棒		

说明：

×××公司	设计		日期	

④检测手段：检测使用的计量器具、仪器、仪表与设备及工装夹具的名称、编号。

⑤检验判定：规定数据处理、判定比较的方法及判定的准则。

⑥记录和报告：规定记录的事项、方法和表格，规定报告的内容与方式、程序与时间。

⑦其他说明。

五、思考与练习

1. PDCA 循环的含义是什么？包含哪些步骤？

2. 检验指导书包含哪些内容？作用是什么？

参 考 文 献

[1]　徐圣群. 简明机械加工工艺手册[M]. 北京：机械工业出版社，2008.

[2]　李益民. 机械制造工艺设计简明手册[M]. 2版. 北京：机械工业出版社，2013.

[3]　艾兴，肖诗纲. 切削用量简明手册[M]. 3版. 北京：机械工业出版社，2008.

[4]　徐宏海. 数控机床刀具及其应用[M]. 北京：化学工业出版社，2005.

[5]　邹青. 机械制造技术基础课程设计指导教程[M]. 2版. 北京：机械工业出版社，2011.

[6]　吴慧媛. 机械制造技术[M]. 西安：西安电子科技大学出版社，2006.

[7]　王明耀. 机械制造技术[M]. 2版. 北京：机械工业出版社，2015.

[8]　高国平. 机械制造技术实训教程[M]. 上海：上海交通大学出版社，2001.

[9]　孙学强. 机械加工技术[M]. 2版. 北京：机械工业出版社，2016.

[10]　张秀珍，晋其纯. 机械加工质量控制与检测[M]. 北京：北京大学出版社，2008.

[11]　张普礼. 机械加工设备[M]. 北京：机械工业出版社，2015.

[12]　张凤荣. 质量管理与控制[M]. 2版. 北京：机械工业出版社，2011.

[13]　陈宏钧. 实用机械加工工艺手册[M]. 4版. 北京：机械工业出版社，2016.